电力安全
工器具考核题库

《电力安全工器具考核题库》编写组 编

中国电力出版社
CHINA ELECTRIC POWER PRESS

图书在版编目（CIP）数据

电力安全工器具考核题库 /《电力安全工器具考核题库》编写组编 . — 北京：中国电力出版社，2024.4

ISBN 978-7-5198-8585-4

Ⅰ . ①电…　Ⅱ . ①电…　Ⅲ . ①电力安全 – 资格考试 – 教学参考资料　Ⅳ . ① TM7

中国国家版本馆 CIP 数据核字（2024）第 025101 号

出版发行：中国电力出版社

地　　址：北京市东城区北京站西街 19 号（邮政编码 100005）

网　　址：http://www.cepp.sgcc.com.cn

责任编辑：周秋慧（010–63412627）

责任校对：黄　蓓　常燕昆

装帧设计：赵丽媛

责任印制：石　雷

印　　刷：三河市百盛印装有限公司

版　　次：2024 年 4 月第一版

印　　次：2024 年 4 月北京第一次印刷

开　　本：710 毫米 ×1000 毫米　16 开本

印　　张：17.75

字　　数：296 千字

印　　数：0001—1000 册

定　　价：69.00 元

前　言

　　电力安全工器具是用于防止触电、灼烫、高空坠落、中毒和窒息、火灾、机械伤害等事故或职业危害，保障工作人员人身安全的个体防护装备。在电力系统中，为了顺利完成工作任务并杜绝各类人身事故发生，电力工作人员必须正确使用各种安全工器具。正确选择和使用电力安全工器具，确保电力安全工器具产品质量，规范电力安全工器具的管理显得尤为重要。为更好地帮助电力工作人员学习好、理解好和执行好《国家电网有限公司电力安全工器具管理规定》，特编写《电力安全工器具考核题库》。本书由王晴、王暖、孙泽浩、李明宇、王宁信、姚栋利、张春龙、孙瑞红、朱雷、窦郅杰编写，共编制359个单选题，322个多选题，258个判断题，396个填空题，50个名词解释，140个问答题。

　　本书适用于电网企业现场工作人员和管理人员，可作为集中考试题库和作业人员日常自主练习用书，也可以作为发电企业、电力建设企业、用电客户的参考用书。

编者

2024 年 2 月

目　录

一、单选题

1. 安全工器具管理遵循"谁主管、谁负责""（　　）、谁负责"的原则。

A. 谁保管　　　　　B. 谁验收　　　　　C. 谁使用

答案：C 见《国家电网有限公司电力安全工器具管理规定》[国网（安监/4）289-2022]第一章第三条

2. 有预防性试验要求的安全工器具应按照试验规程进行（　　）。

A. 检验　　　　　B. 检查　　　　　C. 试验

答案：A 见《国家电网有限公司电力安全工器具管理规定》[国网（安监/4）289-2022]第三章第十九条

3. 新型安全工器具，应经有资质的检测机构检验合格，由（　　）及以上单位专业部门组织认定，并经分管领导批准后，方可试用。

A. 省公司　　　　　B. 地市级公司　　　　　C. 县供电公司

答案：B 见《国家电网有限公司电力安全工器具管理规定》[国网（安监/4）289-2022]第三章第二十条

4. 检修后或关键（　　）经过更换的安全工器具应进行预防性试验。

A. 配件　　　　　B. 组件　　　　　C. 零部件

答案：C 见《国家电网有限公司电力安全工器具管理规定》[国网（安监/4）289-2022]第四章第二十四条

5. 各单位应加强安全工器具检测机构（中心）建设，完善工作体系和机制，有效开展（　　）工作，及时发现安全工器具缺陷和隐患，保障使用安全。

A. 试验　　　　　B. 检查　　　　　C. 验收

答案：A 见《国家电网有限公司电力安全工器具管理规定》[国网（安监/4）289-2022]第四章第二十三条

6. 安全工器具经预防性试验合格后，应由检测机构在合格的安全工器具上（不妨碍绝缘性能、使用性能且醒目的部位）牢固粘贴（　　　）标签或电子标签。

A. "试验周期"　　　B. "试验内容"　　　C. "合格证"

答案：C 见《国家电网有限公司电力安全工器具管理规定》[国网（安监/4）289-2022]第四章第二十六条

7. 使用单位（　　　）至少应组织一次安全工器具使用方法培训。

A. 半年　　　　　　B. 每年　　　　　　C. 两年

答案：B 见《国家电网有限公司电力安全工器具管理规定》[国网（安监/4）289-2022]第五章第二十八条

8. 领用时，保管人和领用人应共同确认安全工器具（　　　），确认合格后，方可出库。

A. 有效性　　　　　B. 实用性　　　　　C. 安全性

答案：A 见《国家电网有限公司电力安全工器具管理规定》[国网（安监/4）289-2022]第五章第二十九条

9. 各单位宜建设安全工器具集中存放（　　　），规范和改善存放保管条件。

A. 值班室　　　　　B. 库房　　　　　　C. 仓库

答案：B 见《国家电网有限公司电力安全工器具管理规定》[国网（安监/4）289-2022]第五章第三十条

10. 个人使用的安全工器具，应由单位指定地点集中存放，（　　　）负责管理、维护和保养，班组安全员不定期抽查使用维护情况。

A. 安全员　　　　　B. 专责人　　　　　C. 使用者

答案：C 见《国家电网有限公司电力安全工器具管理规定》[国网（安监/4）289-2022]第五章第三十一条

11. 经试验或检验不符合（　　　）的安全工器具应予以报废。

A. 国家或行业标准　　B. 国家或企业标准　　C. 行业或企业标准

答案：A 见《国家电网有限公司电力安全工器具管理规定》[国网（安监/4）289-2022]第六章第三十四条

12. 报废的安全工器具应去除"合格证"、电子标签等标识，并对安全工器具及可单独使用的（　　）进行破坏性处理，确保无法使用。

A. 零件　　　　　　B. 部件　　　　　　C. 零部件

答案：B 见《国家电网有限公司电力安全工器具管理规定》[国网（安监/4）289-2022]第八章第二十七条

13. 安全工器具报废情况应纳入管理台账做好记录，（　　）存档。

A. 出入库记录　　B. 试验资料　　　C. 报备

答案：C 见《国家电网有限公司电力安全工器具管理规定》[国网（安监/4）289-2022]第六章第三十八条

14. 班组（站、所）应（　　）对安全工器具进行全面检查，做好检查记录。

A. 每周　　　　　　B. 每月　　　　　　C. 每季度

答案：B 见《国家电网有限公司电力安全工器具管理规定》[国网（安监/4）289-2022]第七章第三十九条

15. 县公司级单位应（　　）对安全工器具使用和保管情况进行检查。

A. 每月　　　　　　B. 每季　　　　　　C. 每半年

答案：B 见《国家电网有限公司电力安全工器具管理规定》[国网（安监/4）289-2022]第七章第四十条

16. 地市公司级单位应（　　）对所属单位的安全工器具进行监督检查。

A. 每月　　　　　　B. 每季　　　　　　C. 每半年

答案：C 见《国家电网有限公司电力安全工器具管理规定》[国网（安监/4）289-2022]第七章第四十条

17. 省公司级单位应至少（　　）组织一次对所属单位安全工器具管理工作进行监督检查。

A. 每季　　　　　　B. 每半年　　　　　C. 每年

答案：C 见《国家电网有限公司电力安全工器具管理规定》[国网（安

监/4）289-2022]第七章第四十条

18. 各级（　　）应对各类检查发现的安全工器具存在问题进行统计分析，查找原因，从管理上提出改进措施和要求，及时发布相关信息。

A. 安监部门　　　　B. 专业部门　　　　C. 单位

答案：A 见《国家电网有限公司电力安全工器具管理规定》[国网（安监/4）289-2022]第七章第四十一条

19. 因安全工器具管理不到位引发安全事故（事件）的，严格按照（　　）执行。

A. 国家有关法律法规和公司事故（件）调查处理有关规定

B. 国网公司事故（件）调查处理有关规定

C. 国网公司电力安全工器具管理规定

答案：A 见《国家电网有限公司电力安全工器具管理规定》[国网（安监/4）289-2022]第七章第四十三条

20. 区域限制安全带是用于限制作业人员的活动范围，避免其到达可能发生（　　）区域的安全带。

A. 碰伤　　　　B. 坠落　　　　C. 触电

答案：B 见《国家电网有限公司电力安全工器具管理规定》[国网（安监/4）289-2022]附录1

21. 速差自控器是一种安装在挂点上、装有一种可收缩长度的绳（带、钢丝绳）、串联在安全带系带和挂点之间、在坠落发生时因速度变化引发（　　）作用的装置。

A. 制动　　　　B. 缓动　　　　C. 速动

答案：A 见《国家电网有限公司电力安全工器具管理规定》[国网（安监/4）289-2022]附录1

22. 缓冲器是串联在（　　）和挂点之间，发生坠落时吸收部分冲击能量、降低冲击力的装置。

A. 连接器　　　　B. 安全带金属环　　　　C. 安全带系带

答案：C 见《国家电网有限公司电力安全工器具管理规定》[国网（安监/4）289-2022]附录1

23. 静电防护服用于保护线路和变电站巡视及（　　）作业人员免受交流高压电场的影响。

　　A. 地电位　　　　　　B. 等电位　　　　　　C. 中间电位

答案：A 见《国家电网有限公司电力安全工器具管理规定》[国网（安监 /4）289-2022]附录 1

24. 耐酸手套是预防（　　）伤害手部的防护手套。

　　A. 碱　　　　　　　　B. 酸　　　　　　　　C. 酸碱

答案：C 见《国家电网有限公司电力安全工器具管理规定》[国网（安监 /4）289-2022]附录 1

25. 导电鞋（防静电鞋）是由特种性能橡胶制成的，在（　　）带电杆塔上及 330 ～ 500kV 带电设备区非带电作业时为防止静电感应电压所穿用的鞋子。

　　A.110 ～ 500kV　　　B.220 ～ 500kV　　　C.330 ～ 500kV

答案：B 见《国家电网有限公司电力安全工器具管理规定》[国网（安监 /4）289-2022]附录 1

26. SF_6 气体检漏仪是用于绝缘电气设备现场（　　）时，测量 SF_6 气体含量的专用仪器。

　　A. 维护　　　　　　　B. 检修　　　　　　　C. 更换

答案：A 见《国家电网有限公司电力安全工器具管理规定》[国网（安监 /4）289-2022]附录 1

27. 电容型验电器是通过检测流过验电器对地杂散电容中的电流来指示（　　）是否存在的装置。

　　A. 电压　　　　　　　B. 电流　　　　　　　C. 电容

答案：A 见《国家电网有限公司电力安全工器具管理规定》[国网（安监 /4）289-2022]附录 1

28. 携带型短路接地线是用于防止设备、线路突然来电，消除（　　），放尽剩余电荷的临时接地装置。

　　A. 跨步电压　　　　　B. 感应电压　　　　　C. 工作电压

答案：B 见《国家电网有限公司电力安全工器具管理规定》〔国网（安监/4）289-2022〕附录1

29. 核相器是用于检别待连接设备、电气回路是否（　　）相同的装置。

　　A. 相位　　　　　　B. 电压　　　　　　C. 电流

答案：A 见《国家电网有限公司电力安全工器具管理规定》〔国网（安监/4）289-2022〕附录1

30. 绝缘隔板又称绝缘挡板，一般应具有很高的绝缘性能，它可与（　　）及以下的带电部分直接接触，起临时遮栏作用。

　　A.10kV　　　　　　B.35kV　　　　　　C.110kV

答案：B 见《国家电网有限公司电力安全工器具管理规定》〔国网（安监/4）289-2022〕附录1

31. 绝缘夹钳是用来装拆（　　）或执行其他类似工作的绝缘操作钳。

　　A. 高压熔断器　　B. 低压熔断器　　C. 跌落式熔断器

答案：A 见《国家电网有限公司电力安全工器具管理规定》〔国网（安监/4）289-2022〕附录1

32. 绝缘服装是由绝缘材料制成，用于防止作业人员带电作业时（　　）触电的服装。

　　A. 头部　　　　　　B. 手部　　　　　　C. 身体

答案：C 见《国家电网有限公司电力安全工器具管理规定》〔国网（安监/4）289-2022〕附录1

33. 带电作业用绝缘手套是由绝缘橡胶或绝缘合成材料制成，在带电作业中用于防止工作人员（　　）触电的手套。

　　A. 手部　　　　　　B. 头部　　　　　　C. 身体

答案：A 见《国家电网有限公司电力安全工器具管理规定》〔国网（安监/4）289-2022〕附录1

34. 带电作业用绝缘靴（鞋）由绝缘材料制成，带有（　　）的鞋底，在带电作业中用于防止工作人员脚部触电。

　　A. 绝缘　　　　　　B. 防滑　　　　　　C. 耐酸

答案：B 见《国家电网有限公司电力安全工器具管理规定》[国网（安监/4）289-2022]附录1

35. 带电作业用绝缘毯是由绝缘材料制成，保护作业人员无意识触及带电体时免遭电击，以及防止电气设备之间（　　）的毯子。

A. 短路　　　　　　B. 接地　　　　　　C. 短路接地

答案：A 见《国家电网有限公司电力安全工器具管理规定》[国网（安监/4）289-2022]附录1

36. 绝缘托瓶架是用（　　）或棒组成，用于对绝缘子串进行操作的装置。

A. 绝缘线　　　　　B. 绝缘管　　　　　C. 绝缘绳

答案：B 见《国家电网有限公司电力安全工器具管理规定》[国网（安监/4）289-2022]附录1

37. 快装脚手架是指整体结构采用"积木式"组合设计，构件（　　）且采用复合材料制作，不需任何安装工具，可在短时间内徒手搭建的一种高处作业平台。

A. 标准化　　　　　B. 规范化　　　　　C. 自动化

答案：A 见《国家电网有限公司电力安全工器具管理规定》[国网（安监/4）289-2022]附录1

38. 营销（现场作业类人数10人）应配备安全带（　　）副。

A.6　　　　　　　　B.4　　　　　　　　C.2

答案：C 见《国家电网有限公司电力安全工器具管理规定》[国网（安监/4）289-2022]附录3

39. 供电所（10人）应配备绝缘操作杆（　　）套。

A.2　　　　　　　　B.4　　　　　　　　C.20

答案：B 见《国家电网有限公司电力安全工器具管理规定》[国网（安监/4）289-2022]附录3

40. 线路检修班（10人）应配备（　　）双辅助型绝缘靴。

A.4　　　　　　　　B.15　　　　　　　　C.20

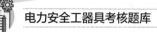

答案：A 见《国家电网有限公司电力安全工器具管理规定》[国网（安监 /4）289-2022]附录 3

41. 供电所（10 人）应配备（ ）双辅助型绝缘手套。

A.4 B.15 C.20

答案：A 见《国家电网有限公司电力安全工器具管理规定》[国网（安监 /4）289-2022]附录 3

42. 变电一次检修（10 人）应配备（ ）只速差自控器。

A.2 B.6 C.10

答案：A 见《国家电网有限公司电力安全工器具管理规定》[国网（安监 /4）289-2022]附录 3

43. 变电高压试验班（10 人）应配备试验专用接地线（含专用放电棒）（ ）组。

A.1 B.3 C.6

答案：B 见《国家电网有限公司电力安全工器具管理规定》[国网（安监 /4）289-2022]附录 3

44. 供电所（10 人）应配备（ ）副个人保安线。

A.2 B.4 C.6

答案：C 见《国家电网有限公司电力安全工器具管理规定》[国网（安监 /4）289-2022]附录 3

45. 供电所（10 人）应配备自吸过滤式防毒面具（ ）套。

A.10 B.8 C.4

答案：C 见《国家电网有限公司电力安全工器具管理规定》[国网（安监 /4）289-2022]附录 3

46. 电缆检修班（10 人）应配备辅助型绝缘手套（ ）双。

A.2 B.4 C.10

答案：B 见《国家电网有限公司电力安全工器具管理规定》[国网（安监 /4）289-2022]附录 3

47. 通信、自动化（10人）应配备登高板或脚扣（　　）副。

A.2　　　　　　　B.6　　　　　　　C.10

答案：A 见《国家电网有限公司电力安全工器具管理规定》[国网（安监/4）289-2022]附录3

48. 变电高压试验班（10人）应配备（　　）块"止步，高压危险！"安全警告牌。

A.10　　　　　　　B.20　　　　　　　C.30

答案：A 见《国家电网有限公司电力安全工器具管理规定》[国网（安监/4）289-2022]附录3

49. 配电运维类班组（10人）应配备（　　）块"禁止合闸，线路有人工作！"安全警告牌。

A.10　　　　　　　B.20　　　　　　　C.30

答案：B 见《国家电网有限公司电力安全工器具管理规定》[国网（安监/4）289-2022]附录3

50. 电缆运维班（10人）应配备（　　）套自吸过滤式防毒面具。

A.2　　　　　　　B.4　　　　　　　C.6

答案：B 见《国家电网有限公司电力安全工器具管理规定》[国网（安监/4）289-2022]附录3

51. 配电检修类班组（10人）应配备（　　）块红布幔。

A.3　　　　　　　B.5　　　　　　　C.10

答案：B 见《国家电网有限公司电力安全工器具管理规定》[国网（安监/4）289-2022]附录3

52. 500（750）kV变电站应配备（　　）架登高梯具。

A.8　　　　　　　B.6　　　　　　　C.2

答案：C 见《国家电网有限公司电力安全工器具管理规定》[国网（安监/4）289-2022]附录4

53. 500（750）kV变电站应配备500kV接地线（　　）组。

A.2　　　　　　　B.6　　　　　　　C.9

答案：A 见《国家电网有限公司电力安全工器具管理规定》［国网（安监 /4）289-2022］附录 4

54. 500（750）kV 变电站应配备 220kV 接地线（　　）组。

A.2　　　　　　　　　B.6　　　　　　　　　C.9

答案：A 见《国家电网有限公司电力安全工器具管理规定》［国网（安监 /4）289-2022］附录 4

55. 500（750）kV 变电站应配备 35kV 接地线（　　）组。

A.2　　　　　　　　　B.3　　　　　　　　　C.4

答案：C 见《国家电网有限公司电力安全工器具管理规定》［国网（安监 /4）289-2022］附录 4

56. 220（330）kV 变电站应配备 220kV 接地线（　　）组。

A.2　　　　　　　　　B.3　　　　　　　　　C.4

答案：A 见《国家电网有限公司电力安全工器具管理规定》［国网（安监 /4）289-2022］附录 4

57. 220（330）kV 变电站应配备 110kV 接地线（　　）组。

A.2　　　　　　　　　B.3　　　　　　　　　C.4

答案：A 见《国家电网有限公司电力安全工器具管理规定》［国网（安监 /4）289-2022］附录 4

58. 220（330）kV 变电站应配备 35（10）kV 接地线（　　）组。

A.2　　　　　　　　　B.3　　　　　　　　　C.4

答案：C 见《国家电网有限公司电力安全工器具管理规定》［国网（安监 /4）289-2022］附录 4

59. 110（66）kV 变电站应配备 110kV 接地线（　　）组。

A.2　　　　　　　　　B.3　　　　　　　　　C.4

答案：A 见《国家电网有限公司电力安全工器具管理规定》［国网（安监 /4）289-2022］附录 4

60. 110（66）kV 变电站应配备 35kV 接地线（　　）组。

A.2　　　　　　　B.3　　　　　　　C.4

答案：C 见《国家电网有限公司电力安全工器具管理规定》[国网（安监/4）289-2022]附录4

61. 110（66）kV 变电站应配备 10kV 接地线（　　）组。

A.2　　　　　　　B.3　　　　　　　C.4

答案：C 见《国家电网有限公司电力安全工器具管理规定》[国网（安监/4）289-2022]附录4

62. 35kV 变电站应配备 35kV 接地线（　　）组。

A.2　　　　　　　B.3　　　　　　　C.4

答案：A 见《国家电网有限公司电力安全工器具管理规定》[国网（安监/4）289-2022]附录4

63. 35kV 变电站应配备 10kV 接地线（　　）组。

A.2　　　　　　　B.3　　　　　　　C.4

答案：C 见《国家电网有限公司电力安全工器具管理规定》[国网（安监/4）289-2022]附录4

64. 35kV 变电站应配备 0.4kV 接地线（　　）组。

A.2　　　　　　　B.3　　　　　　　C.4

答案：A 见《国家电网有限公司电力安全工器具管理规定》[国网（安监/4）289-2022]附录4

65. 110（66）kV 变电站应配备 0.4kV 接地线（　　）组。

A.2　　　　　　　B.3　　　　　　　C.4

答案：A 见《国家电网有限公司电力安全工器具管理规定》[国网（安监/4）289-2022]附录4

66. 220（330）kV 变电站应配备 0.4kV 接地线（　　）组。

A.2　　　　　　　B.3　　　　　　　C.4

答案：A 见《国家电网有限公司电力安全工器具管理规定》[国网（安监/4）289-2022]附录4

67.1000kV 变电站应配备 0.4kV 接地线（　　）组。

A.2　　　　　　　　B.3　　　　　　　　C.4

答案：C　见《国家电网有限公司电力安全工器具管理规定》[国网（安监 /4）289-2022]附录 4

68.1000kV 变电站应配备（　　）架登高梯具。

A.2　　　　　　　　B.4　　　　　　　　C.6

答案：C　见《国家电网有限公司电力安全工器具管理规定》[国网（安监 /4）289-2022]附录 4

69.±800kV 及以上换流站变电站应配备（　　）架登高梯具。

A.2　　　　　　　　B.4　　　　　　　　C.6

答案：C　见《国家电网有限公司电力安全工器具管理规定》[国网（安监 /4）289-2022]附录 4

70. 通信、自动化（10 人）应配备自吸过滤式防毒面具（　　）套。

A.2　　　　　　　　B.4　　　　　　　　C.6

答案：A　见《国家电网有限公司电力安全工器具管理规定》[国网（安监 /4）289-2022]附录 3

71.±800kV 及以上换流站应配备"禁止合闸，有人工作！"安全警告牌（　　）块。

A.20　　　　　　　　B.30　　　　　　　　C.40

答案：C　见《国家电网有限公司电力安全工器具管理规定》[国网（安监 /4）289-2022]附录 4

72.35kV 变电站应配备"禁止合闸，有人工作！"安全警告牌（　　）块。

A.8　　　　　　　　B.15　　　　　　　　C.20

答案：C　见《国家电网有限公司电力安全工器具管理规定》[国网（安监 /4）289-2022]附录 4

73. 1000kV变电站应配备"禁止合闸，有人工作！"安全警告牌（　　）块。

A.30　　　　　　　B.40　　　　　　　C.50

答案：B　见《国家电网有限公司电力安全工器具管理规定》[国网（安监/4）289-2022]附录4

74. ±800kV及以上换流站应配备"禁止分闸！"安全警告牌（　　）块。

A.10　　　　　　　B.30　　　　　　　C.50

答案：A　见《国家电网有限公司电力安全工器具管理规定》[国网（安监/4）289-2022]附录4

75. 1000kV变电站应配备"禁止攀登，高压危险！"安全警告牌（　　）块。

A.10　　　　　　　B.30　　　　　　　C.50

答案：B　见《国家电网有限公司电力安全工器具管理规定》[国网（安监/4）289-2022]附录4

76. 500（750）kV变电站应配备"止步，高压危险！"安全警告牌（　　）块。

A.20　　　　　　　B.30　　　　　　　C.60

答案：C　见《国家电网有限公司电力安全工器具管理规定》[国网（安监/4）289-2022]附录4

77. 35kV变电站应配备"在此工作！"标示牌（　　）块。

A.60　　　　　　　B.40　　　　　　　C.20

答案：C　见《国家电网有限公司电力安全工器具管理规定》[国网（安监/4）289-2022]附录4

78. 1000kV变电站应配备"禁止合闸，线路有人工作！"安全警告牌（　　）块。

A.60　　　　　　　B.40　　　　　　　C.30

答案：C　见《国家电网有限公司电力安全工器具管理规定》[国网（安

监/4）289-2022］附录4

79. 500（750）kV 变电站应配备"从此进出！"标示牌（　　）块。

A.10　　　　　　　　B.30　　　　　　　　C.50

答案：B　见《国家电网有限公司电力安全工器具管理规定》［国网（安监/4）289-2022］附录4

80. 35kV 变电站中应配备"从此进出！"标示牌（　　）块。

A.8　　　　　　　　　B.10　　　　　　　　C.15

答案：B　见《国家电网有限公司电力安全工器具管理规定》［国网（安监/4）289-2022］附录4

81. 35kV 变电站中应配备"从此上下！"标示牌（　　）块。

A.5　　　　　　　　　B.10　　　　　　　　C.15

答案：B　见《国家电网有限公司电力安全工器具管理规定》［国网（安监/4）289-2022］附录4

82. 500（750）kV 变电站应配备"从此上下！"标示牌（　　）块。

A.5　　　　　　　　　B.10　　　　　　　　C.20

答案：C　见《国家电网有限公司电力安全工器具管理规定》［国网（安监/4）289-2022］附录4

83. 1000kV 变电站应配备红布幔（　　）块。

A.30　　　　　　　　B.60　　　　　　　　C.80

答案：B　见《国家电网有限公司电力安全工器具管理规定》［国网（安监/4）289-2022］附录4

84. 220（330）kV 变电站应配备红布幔（　　）块。

A.10　　　　　　　　B.15　　　　　　　　C.20

答案：C　见《国家电网有限公司电力安全工器具管理规定》［国网（安监/4）289-2022］附录4

85. 110（66）kV 变电站应配备红布幔（　　）块。

A.10　　　　　　　　B.15　　　　　　　　C.20

答案：C 见《国家电网有限公司电力安全工器具管理规定》[国网（安监/4）289-2022]附录4

86. ±800kV 及以上换流站应配备安全围栏（   ）副。

A.20　　　　　　　B.30　　　　　　　C.40

答案：C 见《国家电网有限公司电力安全工器具管理规定》[国网（安监/4）289-2022]附录4

87. 1000kV 变电站应配备 SF$_6$ 防护服（   ）副。

A.1　　　　　　　B.2　　　　　　　C.4

答案：B 见《国家电网有限公司电力安全工器具管理规定》[国网（安监/4）289-2022]附录4

88. ±800kV 及以上换流站应配备辅助型绝缘垫（   ）块。

A.1　　　　　　　B.2　　　　　　　C.4

答案：B 见《国家电网有限公司电力安全工器具管理规定》[国网（安监/4）289-2022]附录4

89. 1000kV 变电站应配备 SF$_6$ 检漏仪（   ）副。

A.1　　　　　　　B.2　　　　　　　C.3

答案：A 见《国家电网有限公司电力安全工器具管理规定》[国网（安监/4）289-2022]附录4

90. ±800kV 及以上换流站应配备 SF$_6$ 防护服（   ）副。

A.1　　　　　　　B.2　　　　　　　C.3

答案：B 见《国家电网有限公司电力安全工器具管理规定》[国网（安监/4）289-2022]附录4

91. 应检查安全帽永久标识和（   ）等标识清晰完整。

A.产品说明　　　　B.合格证　　　　C.试验周期

答案：A 见《国家电网有限公司电力安全工器具管理规定》[国网（安监/4）289-2022]附录6

92. 安全帽使用期从产品制造完成之日起计算，不得超过安全帽（   ）。

A. 报废期限

B. 强制报废期限

C. 永久标识的强制报废期限

答案：C　见《国家电网有限公司电力安全工器具管理规定》[国网（安监/4）289-2022] 附录 6

93. 安全帽戴好后，应将（   ）调整到合适的位置。

A. 帽箍扣　　　　　B. 下颏带　　　　　C. 衬带

答案：A　见《国家电网有限公司电力安全工器具管理规定》[国网（安监/4）289-2022] 附录 6

94. 受过一次（   ）或做过试验的安全帽不能继续使用，应予以报废。

A. 弱冲击　　　　　B. 中度冲击　　　　　C. 强冲击

答案：C　见《国家电网有限公司电力安全工器具管理规定》[国网（安监/4）289-2022] 附录 6

95. 高压近电报警安全帽（   ）应检查其音响部分是否良好，但不得作为无电的依据。

A. 使用前　　　　　B. 使用中　　　　　C. 使用后

答案：A　见《国家电网有限公司电力安全工器具管理规定》[国网（安监/4）289-2022] 附录 6

96. 防护眼镜的镜架平滑，不可造成擦伤或有（   ）。

A. 勒紧感　　　　　B. 压迫感　　　　　C. 松弛感

答案：B　见《国家电网有限公司电力安全工器具管理规定》[国网（安监/4）289-2022] 附录 6

97. 如在装卸高压熔断器或进行气焊时，应戴（   ）。

A. 防辐射防护眼镜

B. 防打击防护眼镜

C. 变色镜

答案：A　见《国家电网有限公司电力安全工器具管理规定》[国网（安监/4）289-2022] 附录 6

98. 在室外阳光曝晒的地方工作时，应戴（　　　）。

A. 防辐射防护眼镜

B. 防打击防护眼镜

C. 变色镜

答案：C 见《国家电网有限公司电力安全工器具管理规定》[国网（安监/4）289-2022] 附录6

99. 在进行车、铣、刨及用砂轮磨工件时，应戴（　　　）。

A. 防有害液体防护眼镜

B. 防打击防护眼镜

C. 变色镜

答案：B 见《国家电网有限公司电力安全工器具管理规定》[国网（安监/4）289-2022] 附录6

100. 在向蓄电池内注入电解液时，应戴（　　　）或戴防毒气封闭式无色防护眼镜。

A. 变色镜

B. 防打击防护眼镜

C. 防有害液体防护眼镜

答案：C 见《国家电网有限公司电力安全工器具管理规定》[国网（安监/4）289-2022] 附录6

101. 防护眼镜的宽窄和大小要恰好适合使用者的要求。如果（　　　）不合适，防护眼镜滑落到鼻尖上，结果就起不到防护作用。

A. 大小　　　　　　B. 宽窄　　　　　　C. 镜架

答案：A 见《国家电网有限公司电力安全工器具管理规定》[国网（安监/4）289-2022] 附录6

102. 防护眼镜应按出厂时标明的（　　　）或使用说明书使用。

A. 日期　　　　　　B. 遮光编号　　　　C. 合格证

答案：B 见《国家电网有限公司电力安全工器具管理规定》[国网（安监/4）289-2022] 附录6

103. 自吸过滤式防毒面具的面罩密合框应与佩戴者颜面（　　），无明显压痛感。

A. 密合　　　　　　　B. 结合　　　　　　　C. 重合

答案：A　见《国家电网有限公司电力安全工器具管理规定》[国网（安监 /4）289-2022]附录 6

104. 使用自吸过滤式防毒面具时，空气中氧气浓度不得低于（　　）。

A.16%　　　　　　　B.18%　　　　　　　C.20%

答案：B　见《国家电网有限公司电力安全工器具管理规定》[国网（安监 /4）289-2022]附录 6

105. 使用者应根据其（　　）选配适宜的面罩号码。

A. 面型尺寸　　　　B. 脸面形状　　　　C. 头部大小

答案：A　见《国家电网有限公司电力安全工器具管理规定》[国网（安监 /4）289-2022]附录 6

106. 自吸过滤式防毒面具的过滤剂有一定的使用时间，一般为（　　）min。

A.20 ～ 100　　　　B.30 ～ 100　　　　C.40 ～ 100

答案：B　见《国家电网有限公司电力安全工器具管理规定》[国网（安监 /4）289-2022]附录 6

107. 检查正压式消防空气呼吸器，要求表面无锐利的棱角，（　　）清晰完整，无破损。

A. 标识　　　　　　B. 标志　　　　　　C. 商标

答案：A　见《国家电网有限公司电力安全工器具管理规定》[国网（安监 /4）289-2022]附录 6

108. 安全带的织带折头连接应使用（　　）。

A. 铆钉　　　　　　B. 缝线　　　　　　C. 胶粘

答案：B　见《国家电网有限公司电力安全工器具管理规定》[国网（安监 /4）289-2022]附录 6

109. 安全带金属挂钩等连接器应有保险装置，应在（　　）及以上明确的动作下才能打开，且操作灵活。

A. 一个　　　　　　　B. 两个　　　　　　　C. 三个

答案：B　见《国家电网有限公司电力安全工器具管理规定》[国网（安监 /4）289-2022] 附录 6

110. 安全带钩体和钩舌的（　　）必须完整，两者不得偏斜。各调节装置应灵活可靠。

A. 咬口　　　　　　　B. 连接　　　　　　　C. 对接

答案：A　见《国家电网有限公司电力安全工器具管理规定》[国网（安监 /4）289-2022] 附录 6

111. 围杆作业安全带一般使用期限为（　　）年。

A.1　　　　　　　　B.2　　　　　　　　C.3

答案：C　见《国家电网有限公司电力安全工器具管理规定》[国网（安监 /4）289-2022] 附录 6

112. 区域限制安全带使用期限为（　　）年。

A.4　　　　　　　　B.5　　　　　　　　C.6

答案：B　见《国家电网有限公司电力安全工器具管理规定》[国网（安监 /4）289-2022] 附录 6

113. 坠落悬挂安全带使用期限为（　　）年。

A.3　　　　　　　　B.4　　　　　　　　C.5

答案：C　见《国家电网有限公司电力安全工器具管理规定》[国网（安监 /4）289-2022] 附录 6

114.（　　）的高处作业应使用安全带。

A.1.5m 以上　　　　B.2m 以上　　　　　C.2m 及以上

答案：C　见《国家电网有限公司电力安全工器具管理规定》[国网（安监 /4）289-2022] 附录 6

115. 在没有脚手架或者在没有栏杆的脚手架上工作，高度超过（   ）m 时，应使用安全带。

A.1   B.1.2   C.1.5

答案：C 见《国家电网有限公司电力安全工器具管理规定》[国网（安监 /4）289-2022] 附录 6

116. 安全带的挂钩或绳子应挂在结实牢固的构件或专为挂安全带用的钢丝绳上，并应采用（   ）的方式。

A. 高挂低用   B. 高挂高用   C. 低挂低用

答案：A 见《国家电网有限公司电力安全工器具管理规定》[国网（安监 /4）289-2022] 附录 6

117. （   ），应进行围杆带和后备绳的试拉，无异常方可继续使用。

A. 登杆前   B. 登杆时   C. 杆上作业前

答案：A 见《国家电网有限公司电力安全工器具管理规定》[国网（安监 /4）289-2022] 附录 6

118. 安全绳（包括未展开的缓冲器）不应超过（   ）m。

A.2   B.3   C.4

答案：A 见《国家电网有限公司电力安全工器具管理规定》[国网（安监 /4）289-2022] 附录 6

119. 在具有高温、腐蚀等场合使用的安全绳，应穿入整根具有耐高温、抗腐蚀的保护套或采用（   ）。

A. 织带式安全绳   B. 链式安全绳   C. 钢丝绳式安全绳

答案：C 见《国家电网有限公司电力安全工器具管理规定》[国网（安监 /4）289-2022] 附录 6

120. 有 2 根安全绳（包括未展开的缓冲器）的安全带，其单根有效长度不应大于（   ）m。

A.1.2   B.1.4   C.1.6

答案：A 见《国家电网有限公司电力安全工器具管理规定》[国网（安监 /4）289-2022] 附录 6

121. 连接器应操作灵活，扣体钩舌和闸门的咬口应完整，两者不得偏斜，应有保险装置，经过（　　）的动作才能打开。

A. 一个及以上　　　B. 两个以上　　　　C. 两个及以上

答案：C　见《国家电网有限公司电力安全工器具管理规定》[国网（安监/4）289-2022]附录6

122. 活门应向连接器锁体内打开，不得松旷，同预定打开水平面倾斜不得超过（　　）。

A.20°　　　　　　　B.25°　　　　　　　C.30°

答案：A　见《国家电网有限公司电力安全工器具管理规定》[国网（安监/4）289-2022]附录6

123. 有自锁功能的连接器活门关闭时应自动上锁，在上锁状态下必须经（　　）动作才能打开。

A. 一个以上　　　B. 两个及以上　　　C. 两个以上

答案：C　见《国家电网有限公司电力安全工器具管理规定》[国网（安监/4）289-2022]附录6

124. 手动上锁的连接器应确保必须经（　　）动作才能打开。

A. 一个以上　　　B. 两个及以上　　　C. 两个以上

答案：C　见《国家电网有限公司电力安全工器具管理规定》[国网（安监/4）289-2022]附录6

125. 速差自控器拴挂时严禁（　　）。

A. 低挂高用　　　B. 高挂低用　　　C. 高挂高用

答案：A　见《国家电网有限公司电力安全工器具管理规定》[国网（安监/4）289-2022]附录6

126. 速差自控器应连接在人体前胸或后背的安全带挂点上，移动时应缓慢，禁止（　　）。

A. 走动　　　　　B. 攀爬　　　　　C. 跳跃

答案：C　见《国家电网有限公司电力安全工器具管理规定》[国网（安监/4）289-2022]附录6

127. 在导轨（绳）上手提自锁器，自锁器在导轨（绳）上应运行顺滑，不应有（　　　）现象。

A. 抖动　　　　　　　B. 卡住　　　　　　　C. 滑落

答案：B　见《国家电网有限公司电力安全工器具管理规定》[国网（安监/4）289-2022]附录6

128. 导轨自锁器与安全带之间的连接绳不应大于（　　　）m。

A. 0.5　　　　　　　B. 0.6　　　　　　　C. 0.7

答案：A　见《国家电网有限公司电力安全工器具管理规定》[国网（安监/4）289-2022]附录6

129. 安全网的平网和立网的网目边长不大于（　　　）m。

A. 0.08　　　　　　B. 0.09　　　　　　C. 0.10

答案：A　见《国家电网有限公司电力安全工器具管理规定》[国网（安监/4）289-2022]附录6

130. 安全网的系绳与网体连接牢固，沿网边均匀分布，相邻两系绳间距不大于（　　　）m。

A. 0.75　　　　　　B. 0.85　　　　　　C. 0.95

答案：A　见《国家电网有限公司电力安全工器具管理规定》[国网（安监/4）289-2022]附录6

131. 安全网的平网相邻两筋绳间距不大于（　　　）m。

A. 0.5　　　　　　　B. 0.4　　　　　　　C. 0.3

答案：C　见《国家电网有限公司电力安全工器具管理规定》[国网（安监/4）289-2022]附录6

132. 密目式安全立网的网眼孔径不大于（　　　）mm。

A. 12　　　　　　　　B. 13　　　　　　　C. 14

答案：A　见《国家电网有限公司电力安全工器具管理规定》[国网（安监/4）289-2022]附录6

133. 不应将安全网在粗糙或有锐边（角）的表面（　　　）。

A. 放置　　　　　　B. 拖拉　　　　　　C. 设立

答案：B 见《国家电网有限公司电力安全工器具管理规定》[国网（安监/4）289-2022]附录6

134. 手套与电弧防护服袖口覆盖部分应不少于（　　）mm。

A.80　　　　　　　B.90　　　　　　　C.100

答案：C 见《国家电网有限公司电力安全工器具管理规定》[国网（安监/4）289-2022]附录6

135. 电弧防护服的（　　）应能覆盖足部。

A. 鞋底　　　　　B. 鞋罩　　　　　C. 鞋面

答案：B 见《国家电网有限公司电力安全工器具管理规定》[国网（安监/4）289-2022]附录6

136. 穿着者在使用防电弧服的过程中，可能会降低对电弧危害的（　　）。

A. 敏感性　　　B. 安全性　　　C. 警惕性

答案：A 见《国家电网有限公司电力安全工器具管理规定》[国网（安监/4）289-2022]附录6

137. 穿着者在使用防电弧服的过程中，不可以随意暴露（　　）。

A. 头部　　　　B. 身体　　　　C. 足部

答案：B 见《国家电网有限公司电力安全工器具管理规定》[国网（安监/4）289-2022]附录6

138. 不透气型耐酸服用于（　　）酸污染场所。

A. 轻度　　　　B. 中度　　　　C. 严重

答案：C 见《国家电网有限公司电力安全工器具管理规定》[国网（安监/4）289-2022]附录6

139. 使用耐酸服时，还应注意厂家提供的（　　）上主要性能指标是否符合标准要求，确保工作时的安全。

A. 检验报告　　　B. 合格证　　　C. 制造商标识

答案：A 见《国家电网有限公司电力安全工器具管理规定》[国网（安监/4）289-2022]附录6

140.SF₆防护服的整套服装内、外表面均应完好无损，不存在破坏其（　　）、损坏表面光滑轮廓的缺陷。

A. 严密性　　　　　　B. 均匀性　　　　　　C. 透气性

答案：B　见《国家电网有限公司电力安全工器具管理规定》[国网（安监/4）289-2022]附录6

141. 工作人员佩戴SF₆防毒面具进行工作时，要有（　　）在现场监护，以防出现意外事故。

A. 专人　　　　　　B. 工作负责人　　　　C. 工作许可人

答案：A　见《国家电网有限公司电力安全工器具管理规定》[国网（安监/4）289-2022]附录6

142.SF₆防毒面具应在空气含氧量不低于（　　）的环境中使用。

A.16%　　　　　　B.17%　　　　　　C.18%

答案：C　见《国家电网有限公司电力安全工器具管理规定》[国网（安监/4）289-2022]附录6

143.SF₆防毒面具应在环境温度为（　　）℃的环境中使用。

A.-20 ~ 45　　　　B.-30 ~ 45　　　　C.-30 ~ 35

答案：B　见《国家电网有限公司电力安全工器具管理规定》[国网（安监/4）289-2022]附录6

144.SF₆防毒面具应在有毒气体积浓度不高于（　　）的环境中使用。

A.0.5%　　　　　　B.0.6%　　　　　　C.0.7%

答案：A　见《国家电网有限公司电力安全工器具管理规定》[国网（安监/4）289-2022]附录6

145. 屏蔽服装的制造厂名或商标、型号名称、制造年月、（　　）及带电作业用（双三角）符号等标识要清晰完整。

A. 额定电流　　　　B. 电压等级　　　　C. 受力强度

答案：B　见《国家电网有限公司电力安全工器具管理规定》[国网（安监/4）289-2022]附录6

146. 屏蔽服装上衣、裤子、帽子之间应有（　　）连接头。

A. 一个　　　　　B. 两个　　　　　C. 三个

答案：B　见《国家电网有限公司电力安全工器具管理规定》[国网（安监 /4）289-2022] 附录 6

147. 屏蔽服装上衣与手套、裤子与袜子每端分别各有（　　）连接头。

A. 一个　　　　　B. 两个　　　　　C. 三个

答案：A　见《国家电网有限公司电力安全工器具管理规定》[国网（安监 /4）289-2022] 附录 6

148. 耐酸靴只能使用于一般浓度较低的酸作业场所，不能浸泡在酸液中进行（　　）作业。

A. 短时间　　　　B. 较长时间　　　　C. 长时间

答案：B　见《国家电网有限公司电力安全工器具管理规定》[国网（安监 /4）289-2022] 附录 6

149. 如果导电鞋（防静电鞋）内底和脚之间有鞋垫，则应检查鞋 / 鞋垫组合体的（　　）。

A. 电压值　　　　B. 电流值　　　　C. 电阻值

答案：C　见《国家电网有限公司电力安全工器具管理规定》[国网（安监 /4）289-2022] 附录 6

150. 使用导电鞋（防静电鞋）的场所应是能导电的（　　）。

A. 设备　　　　　B. 地面　　　　　C. 线路

答案：B　见《国家电网有限公司电力安全工器具管理规定》[国网（安监 /4）289-2022] 附录 6

151. 在（　　）kV 及以上电压等级的带电线路杆塔上及变电站构架上作业时，应穿导电鞋。

A.35　　　　　　B.110　　　　　　C.220

答案：C　见《国家电网有限公司电力安全工器具管理规定》[国网（安监 /4）289-2022] 附录 6

152. 个人保安线应用多股软铜线，其截面积不得小于（　　）mm²。

A.10　　　　　　　B.16　　　　　　　C.25

答案：B　见《国家电网有限公司电力安全工器具管理规定》［国网（安监/4）289-2022］附录6

153. 个人保安线的绝缘护套材料应柔韧透明，护层厚度大于（　　）mm。

A.1　　　　　　　B.1.5　　　　　　　C.2

答案：A　见《国家电网有限公司电力安全工器具管理规定》［国网（安监/4）289-2022］附录6

154. 在杆塔或横担接地通道（　　）的条件下，个人保安线接地端允许接在杆塔或横担上。

A. 绝缘　　　　　　B. 一般　　　　　　C. 良好

答案：C　见《国家电网有限公司电力安全工器具管理规定》［国网（安监/4）289-2022］附录6

155. SF₆气体检漏仪通电检查时，外露的（　　）应能正常动作；显示部分应有相应指示。

A. 可动部件　　　　B. 显示部分　　　　C. 真空系统

答案：A　见《国家电网有限公司电力安全工器具管理规定》［国网（安监/4）289-2022］附录6

156. 在 SF₆气体检漏仪开机前，操作者要首先熟悉（　　），严格按照仪器的开机和关机步骤进行操作。

A. 现场情况　　　B. 操作说明　　　C. 仪器型号

答案：B　见《国家电网有限公司电力安全工器具管理规定》［国网（安监/4）289-2022］附录6

157. SF₆气体检漏仪的探枪和（　　）不得拆卸，以免影响仪器正常工作。

A. 主机　　　　　B. 真空泵　　　　C. 电源开关

答案：A　见《国家电网有限公司电力安全工器具管理规定》［国网（安

监 /4）289-2022］附录6

158.SF$_6$气体检漏仪仪器（　　）已调好，勿自行调节。

A. 数值　　　　　　B. 探头　　　　　　C. 自校格数

答案：B　见《国家电网有限公司电力安全工器具管理规定》［国网（安监 /4）289-2022］附录6

159. 注意 SF$_6$气体检漏仪电磁阀是否正常动作，并检查电磁阀的（　　）。

A. 准确性　　　　　B. 可靠性　　　　　C. 密封性

答案：C　见《国家电网有限公司电力安全工器具管理规定》［国网（安监 /4）289-2022］附录6

160.SF$_6$气体检漏仪器在运输过程中严禁（　　），不可剧烈振动。

A. 倒置　　　　　　B. 平放　　　　　　C. 竖置

答案：A　见《国家电网有限公司电力安全工器具管理规定》［国网（安监 /4）289-2022］附录6

161. 如发现防火服外部有损坏，则应（　　）防火服。

A. 清洗　　　　　　B. 修理　　　　　　C. 更换

答案：C　见《国家电网有限公司电力安全工器具管理规定》［国网（安监 /4）289-2022］附录6

162. 防火服在重新存放前务必进行彻底（　　）。

A. 干燥　　　　　　B. 晾晒　　　　　　C. 清洗

答案：A　见《国家电网有限公司电力安全工器具管理规定》［国网（安监 /4）289-2022］附录6

163. 检查电容型验电器是否正常，应自检（　　），指示器均应有视觉和听觉信号出现。

A. 一次　　　　　　B. 两次　　　　　　C. 三次

答案：C　见《国家电网有限公司电力安全工器具管理规定》［国网（安监 /4）289-2022］附录6

164. 操作前，电容型验电器杆表面应用清洁的（　　　）擦拭干净，使表面干燥、清洁。

A. 干布　　　　　　B. 湿布　　　　　　C. 纸

答案：A　见《国家电网有限公司电力安全工器具管理规定》[国网（安监 /4）289-2022] 附录 6

165. 如在木杆、木梯或木架上用电容型验电器验电，不接地不能指示者，经运行值班负责人或工作负责人同意后，可在电容型验电器（　　　）接上接地线。

A. 手柄尾部　　　　B. 指示器尾部　　　　C. 绝缘杆尾部

答案：C　见《国家电网有限公司电力安全工器具管理规定》[国网（安监 /4）289-2022] 附录 6

166. 使用电容型验电器操作时，人体应与带电设备保持足够的安全距离，操作者的手握部位不得越过电容型验电器（　　　），以保持有效的绝缘长度。

A. 手柄　　　　　　B. 护环　　　　　　C. 限度标记

答案：B　见《国家电网有限公司电力安全工器具管理规定》[国网（安监 /4）289-2022] 附录 6

167. 使用操作前，电容型验电器应自检（　　　），声光报警信号应无异常。

A. 一次　　　　　　B. 两次　　　　　　C. 三次

答案：A　见《国家电网有限公司电力安全工器具管理规定》[国网（安监 /4）289-2022] 附录 6

168. 携带型短路接地线的多股软铜线横截面积不得小于（　　　）mm²，其他要求同个人保安接地线。

A.16　　　　　　　B.20　　　　　　　C.25

答案：C　见《国家电网有限公司电力安全工器具管理规定》[国网（安监 /4）289-2022] 附录 6

169. 检查携带型短路接地线的线夹与电力设备及接地体的接触面要（　　）。

A. 无毛刺　　　　　B. 无裂纹　　　　　C. 无空洞

答案：A 见《国家电网有限公司电力安全工器具管理规定》[国网（安监/4）289-2022]附录6

170. 携带型短路接地线的截面应满足装设地点（　　）的要求。

A. 额定电流　　　　B. 接地电流　　　　C. 短路电流

答案：C 见《国家电网有限公司电力安全工器具管理规定》[国网（安监/4）289-2022]附录6

171. 利用铁塔接地或与杆塔接地装置电气上直接相连的横担接地时，允许（　　）。

A. 一相接地　　　　B. 两相接地　　　　C. 每相分别接地

答案：C 见《国家电网有限公司电力安全工器具管理规定》[国网（安监/4）289-2022]附录6

172. 利用铁塔接地或与杆塔接地装置电气上直接相连的横担接地时，允许每相分别接地，对于无接地引下线的杆塔，可采用（　　）。

A. 临时接地体　　　B. 临时接地线　　　C. 临时接地环

答案：A 见《国家电网有限公司电力安全工器具管理规定》[国网（安监/4）289-2022]附录6

173. 绝缘杆应光滑，绝缘部分应无气泡、皱纹、裂纹、绝缘层脱落、严重的机械或电灼伤痕，玻璃纤维布与（　　）间黏接完好不得开胶。

A. 金属　　　　　　B. 树脂　　　　　　C. 护套

答案：B 见《国家电网有限公司电力安全工器具管理规定》[国网（安监/4）289-2022]附录6

174. （　　），绝缘操作杆表面应用清洁的干布擦拭干净，使表面干燥、清洁。

A. 操作前　　　　　B. 操作时　　　　　C. 操作后

答案：A 见《国家电网有限公司电力安全工器具管理规定》[国网（安监/4）289-2022]附录6

175. 使用绝缘操作杆操作时，人体应与（　　）保持足够的安全距离。

A. 电力设备　　　　B. 停电设备　　　　C. 带电设备

答案：C　见《国家电网有限公司电力安全工器具管理规定》[国网（安监/4）289-2022] 附录 6

176. 为防止因受潮而产生较大的泄漏电流，危及操作人员的安全，在使用绝缘操作杆拉合隔离开关或经传动机构拉合隔离开关和断路器时，均应（　　）。

A. 戴绝缘手套　　　B. 穿绝缘靴　　　　C. 穿绝缘鞋

答案：A　见《国家电网有限公司电力安全工器具管理规定》[国网（安监/4）289-2022] 附录 6

177. 雨天使用绝缘杆操作室外高压设备时，还应（　　）。

A. 戴绝缘手套　　　B. 穿绝缘靴　　　　C. 穿绝缘鞋

答案：B　见《国家电网有限公司电力安全工器具管理规定》[国网（安监/4）289-2022] 附录 6

178. 核相器指示器表面应（　　）、平整。

A. 光滑　　　　　　B. 无划痕　　　　　C. 无硬伤

答案：A　见《国家电网有限公司电力安全工器具管理规定》[国网（安监/4）289-2022] 附录 6

179. 核相器的（　　）必须符合被操作设备的电压等级。

A. 符号　　　　　　B. 规格　　　　　　C. 类别

答案：B　见《国家电网有限公司电力安全工器具管理规定》[国网（安监/4）289-2022] 附录 6

180. 使用核相器操作时，人体应与（　　）保持足够的安全距离。

A. 带电设备　　　　B. 检修设备　　　　C. 停电设备

答案：A　见《国家电网有限公司电力安全工器具管理规定》[国网（安监/4）289-2022] 附录 6

181. 绝缘遮蔽罩应根据（　　）的等级来选择，不得越级使用。

A. 感应电压　　　　B. 对地电压　　　　C. 使用电压

答案：C 见《国家电网有限公司电力安全工器具管理规定》[国网（安监 /4）289-2022] 附录 6

182. 当环境温度为（　　　）℃时，建议使用普通遮蔽罩。

A.-25 ~ 45　　　　　B.-25 ~ 55　　　　　C.-15 ~ 55

答案：B 见《国家电网有限公司电力安全工器具管理规定》[国网（安监 /4）289-2022] 附录 6

183. 当环境温度为（　　　）℃时，建议使用 C 类遮蔽罩。

A.-30 ~ 45　　　　　B.-35 ~ 50　　　　　C.-40 ~ 55

答案：C 见《国家电网有限公司电力安全工器具管理规定》[国网（安监 /4）289-2022] 附录 6

184. 当环境温度为（　　　）℃时，建议使用 W 类遮蔽罩。

A.-30 ~ 50　　　　　B.-20 ~ 60　　　　　C.-10 ~ 70

答案：C 见《国家电网有限公司电力安全工器具管理规定》[国网（安监 /4）289-2022] 附录 6

185. 用于 10kV 电压等级的绝缘隔板厚度不应小于（　　　）mm。

A.2　　　　　B.3　　　　　C.4

答案：B 见《国家电网有限公司电力安全工器具管理规定》[国网（安监 /4）289-2022] 附录 6

186. 用于 35kV 电压等级的绝缘隔板厚度不应小于（　　　）mm。

A.2　　　　　B.3　　　　　C.4

答案：C 见《国家电网有限公司电力安全工器具管理规定》[国网（安监 /4）289-2022] 附录 6

187. 现场放置绝缘隔板时，应（　　　）。

A. 戴绝缘手套　　B. 穿绝缘鞋　　　C. 穿绝缘靴

答案：A 见《国家电网有限公司电力安全工器具管理规定》[国网（安监 /4）289-2022] 附录 6

188. 绝缘夹钳的手握部分护套与绝缘部分连接紧密、无破损，（   ）。

A. 不产生相对滑动

B. 不产生相对转动

C. 不产生相对滑动或转动

答案：C 见《国家电网有限公司电力安全工器具管理规定》[国网（安监/4）289-2022]附录6

189. 操作前，绝缘夹钳表面应用（   ）擦拭干净，使表面干燥、清洁。

A. 湿布　　　　　　　B. 干布　　　　　　　C. 清洁的干布

答案：C 见《国家电网有限公司电力安全工器具管理规定》[国网（安监/4）289-2022]附录6

190. 在潮湿天气，应使用专用的（   ）绝缘夹钳。

A. 防潮　　　　　　　B. 防雨　　　　　　　C. 防湿

答案：B 见《国家电网有限公司电力安全工器具管理规定》[国网（安监/4）289-2022]附录6

191. 绝缘服装使用的环境温度为（   ）℃。

A.-15 ~ 45　　　　　B.-25 ~ 45　　　　　C.-25 ~ 55

答案：C 见《国家电网有限公司电力安全工器具管理规定》[国网（安监/4）289-2022]附录6

192. 带电作业用绝缘手套应根据使用电压的高低、不同防护条件来选择，不得越级使用，以免造成（   ）而触电。

A. 短路　　　　　　　B. 击穿　　　　　　　C. 破裂

答案：B 见《国家电网有限公司电力安全工器具管理规定》[国网（安监/4）289-2022]附录6

193. 绝缘靴后跟高度不超过（   ）mm，外底应有防滑花纹。

A.30　　　　　　　　B.35　　　　　　　　C.40

答案：A 见《国家电网有限公司电力安全工器具管理规定》[国网（安监/4）289-2022]附录6

194. 绝缘硬梯的各部件应完整光滑，无气泡、皱纹、开裂或损伤，玻璃纤维布与树脂间黏接完好不得开胶，杆段间连接牢固（　　），整梯无松散。

A. 无滑动　　　　　B. 无松动　　　　　C. 无转动

答案：B　见《国家电网有限公司电力安全工器具管理规定》[国网（安监 /4）289-2022] 附录 6

195. 带电作业用绝缘硬梯的升降梯要求升降灵活，（　　）可靠。

A. 锁头装置　　　　B. 闭锁装置　　　　C. 锁紧装置

答案：C　见《国家电网有限公司电力安全工器具管理规定》[国网（安监 /4）289-2022] 附录 6

196. 带电作业用绝缘硬梯使用高度超过 5m，请务必在梯子中上部设立（　　）以上拉线。

A.$\phi 7mm$　　　　　B.$\phi 8mm$　　　　　C.$\phi 9mm$

答案：B　见《国家电网有限公司电力安全工器具管理规定》[国网（安监 /4）289-2022] 附录 6

197. 带电作业用绝缘硬梯使用时，绝对禁止超过梯子的工作负荷，需要有人扶持梯子进行保护（同时防止梯子侧歪），并用脚踩住梯子的（　　），以防底脚发生移动。

A. 底脚　　　　　　B. 梯梁　　　　　　C. 踏板

答案：A　见《国家电网有限公司电力安全工器具管理规定》[国网（安监 /4）289-2022] 附录 6

198. 带电作业用绝缘硬梯使用时，绝对禁止超过梯子的工作负荷，需要有人扶持梯子进行保护，同时防止梯子（　　）。

A. 滑动　　　　　　B. 偏移　　　　　　C. 侧歪

答案：C　见《国家电网有限公司电力安全工器具管理规定》[国网（安监 /4）289-2022] 附录 6

199. 绝缘托瓶架应根据使用电压等级、（　　）来选择。

A. 不同载荷条件　　B. 不同防护条件　　C. 不同型号规格

答案：A　见《国家电网有限公司电力安全工器具管理规定》[国网（安监 /4）289-2022] 附录 6

200. 绝缘绳（绳索类工具）的标志应清晰，每股绝缘绳索及每股线均应紧密（　　），不得有松散、分股的现象。

A. 拧合　　　　　　　B. 结合　　　　　　　C. 绞合

答案：C 见《国家电网有限公司电力安全工器具管理规定》[国网（安监/4）289-2022]附录6

201. 绝缘绳的接头应（　　）丝线连接，不允许有股接头。

A. 单根　　　　　　　B. 两根　　　　　　　C. 多根

答案：A 见《国家电网有限公司电力安全工器具管理规定》[国网（安监/4）289-2022]附录6

202. 可根据（　　）选用不同机械性能的常规强度绝缘绳（绳索类工具）或高强度绝缘绳（绳索类工具）。

A. 电压等级　　　　B. 工作要求　　　　　C. 载荷条件

答案：B 见《国家电网有限公司电力安全工器具管理规定》[国网（安监/4）289-2022]附录6

203. 根据不同（　　）选用常规型绝缘绳（绳索类工具）或防潮型绝缘绳（绳索类工具）。

A. 气候条件　　　　B. 电压等级　　　　　C. 防护条件

答案：A 见《国家电网有限公司电力安全工器具管理规定》[国网（安监/4）289-2022]附录6

204. 对已潮湿的绝缘绳（绳索类工具）应进行干燥处理，但干燥的温度不宜超过（　　）℃。

A.55　　　　　　　　B.60　　　　　　　　C.65

答案：C 见《国家电网有限公司电力安全工器具管理规定》[国网（安监/4）289-2022]附录6

205. （　　）成的绳索和绳股应紧密胶合，无松散、分股的现象。

A. 捻合　　　　　　　B. 捻接　　　　　　　C. 绑扎

答案：A 见《国家电网有限公司电力安全工器具管理规定》[国网（安监/4）289-2022]附录6

206. 绝缘软梯的绳索应由绳股以（　　　）向捻合成。

A. "N"　　　　　　B. "S"　　　　　　C. "Z"

答案：C　见《国家电网有限公司电力安全工器具管理规定》[国网（安监/4）289-2022]附录6

207. 绝缘软梯的绳股本身为（　　　）捻向。

A. "N"　　　　　　B. "S"　　　　　　C. "Z"

答案：B　见《国家电网有限公司电力安全工器具管理规定》[国网（安监/4）289-2022]附录6

208. 绝缘软梯的绳扣接头应从绳索套扣下端开始，且每绳股应连续镶嵌（　　　）道。

A.3　　　　　　　　B.4　　　　　　　　C.5

答案：C　见《国家电网有限公司电力安全工器具管理规定》[国网（安监/4）289-2022]附录6

209. 绝缘软梯的横蹬应紧密牢固地固定在（　　　）上，不得有横向滑移的现象。

A. 两边绳　　　　　B. 环形绳　　　　　C. 绳索

答案：A　见《国家电网有限公司电力安全工器具管理规定》[国网（安监/4）289-2022]附录6

210. 在导、地线上悬挂软梯进行（　　　）作业前，应检查本档两端杆塔处导、地线的紧固情况，经检查无误后方可攀登。

A. 地电位　　　　　B. 等电位　　　　　C. 中间电位

答案：B　见《国家电网有限公司电力安全工器具管理规定》[国网（安监/4）289-2022]附录6

211. 在导线或地线上悬挂软梯时，应验算导线、地线以及（　　　）之间的安全距离是否满足要求。

A. 交叉跨越物　　　B. 同杆架设线路　　　C. 平行线路

答案：A　见《国家电网有限公司电力安全工器具管理规定》[国网（安监/4）289-2022]附录6

212. 带电作业用绝缘滑车的吊钩及吊环在吊梁上应转动灵活，应采用开槽螺母，侧面螺栓高出螺母部分不大于（　　）mm。

A.1　　　　　　　　B.2　　　　　　　　C.3

答案：B　见《国家电网有限公司电力安全工器具管理规定》[国网（安监/4）289-2022]附录6

213. 带电作业用绝缘滑车的侧板开口在（　　）范围内应无卡阻现象，保险扣完整、有效。

A.45°　　　　　　　B.60°　　　　　　　C.90°

答案：C　见《国家电网有限公司电力安全工器具管理规定》[国网（安监/4）289-2022]附录6

214. 使用前，应将绝缘滑车（　　）擦拭干净。

A.绝缘部分　　　　B.吊钩　　　　　　C.滑轮

答案：A　见《国家电网有限公司电力安全工器具管理规定》[国网（安监/4）289-2022]附录6

215. 线路作业中使用绝缘滑车应有防止脱钩的（　　），否则必须采取封口措施。

A.安全装置　　　　B.保险装置　　　　C.闭锁装置

答案：B　见《国家电网有限公司电力安全工器具管理规定》[国网（安监/4）289-2022]附录6

216. 用（　　）或充气法检查辅助型绝缘手套有无漏气现象。

A.卷曲法　　　　　B.折叠法　　　　　C.吹气法

答案：A　见《国家电网有限公司电力安全工器具管理规定》[国网（安监/4）289-2022]附录6

217. 绝缘靴（鞋）应无破损，宜采用（　　）。

A.无跟　　　　　　B.平跟　　　　　　C.高跟

答案：B　见《国家电网有限公司电力安全工器具管理规定》[国网（安监/4）289-2022]附录6

218. 绝缘靴（鞋）的鞋底应有防滑花纹，鞋底（跟）磨损不超过（　　）。

　A.1/4　　　　　　　B.1/3　　　　　　　C.1/2

答案：C　见《国家电网有限公司电力安全工器具管理规定》[国网（安监/4）289-2022]附录6

219. 在各类高压电气设备上工作时，使用电绝缘鞋，可配合（　　）触及带电部分，并要防护跨步电压所引起的电击伤害。

　A. 基本安全用具

　B. 带电作业绝缘安全工器具

　C. 辅助绝缘安全工器具

答案：A　见《国家电网有限公司电力安全工器具管理规定》[国网（安监/4）289-2022]附录6

220. 操作时，绝缘胶垫应避免不必要地暴露在（　　）、阳光下。

　A. 冰雪　　　　　　B. 高温　　　　　　C. 浓雾

答案：B　见《国家电网有限公司电力安全工器具管理规定》[国网（安监/4）289-2022]附录6

221. 脚扣的标识清晰完整，金属母材及焊缝无任何裂纹和目测可见的变形，表面光洁，边缘呈（　　）。

　A. 圆形　　　　　　B. 倒圆弧形　　　　　C. 圆弧形

答案：C　见《国家电网有限公司电力安全工器具管理规定》[国网（安监/4）289-2022]附录6

222. 应将脚扣脚带系牢，登杆过程中应根据（　　）随时调整脚扣尺寸。

　A. 杆径粗细　　　　B. 电杆位置　　　　C. 电杆高低

答案：A　见《国家电网有限公司电力安全工器具管理规定》[国网（安监/4）289-2022]附录6

223. 升降板的踏板宽面上节子的直径不应大于（　　）mm。

　A.6　　　　　　　　B.7　　　　　　　　C.8

答案：A　见《国家电网有限公司电力安全工器具管理规定》[国网（安

监 /4）289-2022］附录 6

224. 升降板的踏板宽面上的干燥细裂纹长不应大于（　　）mm。

A.170　　　　　　　B.160　　　　　　　C.150

答案：C　见《国家电网有限公司电力安全工器具管理规定》［国网（安监 /4）289-2022］附录 6

225. 升降板的踏板宽面上干燥细裂纹深不应大于（　　）mm。

A.10　　　　　　　B.20　　　　　　　C.30

答案：A　见《国家电网有限公司电力安全工器具管理规定》［国网（安监 /4）289-2022］附录 6

226. 升降板的绳扣接头每绳股连续插花应不少于（　　）道。

A.2　　　　　　　B.3　　　　　　　C.4

答案：C　见《国家电网有限公司电力安全工器具管理规定》［国网（安监 /4）289-2022］附录 6

227. 梯子要求梯脚防滑良好，梯子竖立后平稳，无目测可见的（　　）。

A. 倾斜　　　　　　B. 侧向倾斜　　　　　C. 歪斜

答案：B　见《国家电网有限公司电力安全工器具管理规定》［国网（安监 /4）289-2022］附录 6

228. 竹木梯梯梁的宽面上允许有实心的或不透的、直径小于（　　）mm 的节子。

A.13　　　　　　　B.14　　　　　　　C.15

答案：A　见《国家电网有限公司电力安全工器具管理规定》［国网（安监 /4）289-2022］附录 6

229. 竹木梯梯梁的宽面节子外缘距梯梁边缘应大于（　　）mm。

A.11　　　　　　　B.13　　　　　　　C.12

答案：B　见《国家电网有限公司电力安全工器具管理规定》［国网（安监 /4）289-2022］附录 6

230. 竹木梯梯梁的宽面两相邻节子外缘距离不应小于（   ）m。

A.0.9   B.1.0   C.0.8

答案：A   见《国家电网有限公司电力安全工器具管理规定》[国网（安监/4）289-2022］附录6

231. 竹木梯踏板宽面上节子的直径不应大于（   ）mm。

A.5   B.6   C.7

答案：B   见《国家电网有限公司电力安全工器具管理规定》[国网（安监/4）289-2022］附录6

232. 竹木梯踏棍上不应有直径大于（   ）mm的节子。

A.3   B.2   C.4

答案：A   见《国家电网有限公司电力安全工器具管理规定》[国网（安监/4）289-2022］附录6

233. 竹木梯踏棍干燥细裂纹长不应大于（   ）mm。

A.140   B.160   C.150

答案：C   见《国家电网有限公司电力安全工器具管理规定》[国网（安监/4）289-2022］附录6

234. 竹木梯踏棍干燥细裂纹深不应大于（   ）mm。

A.9   B.10   C.11

答案：B   见《国家电网有限公司电力安全工器具管理规定》[国网（安监/4）289-2022］附录6

235. 竹木梯的梯梁和踏棍（板）连接的受剪切面及其附近不应有裂缝，其他部位的裂缝长不应大于（   ）mm。

A.50   B.60   C.70

答案：A   见《国家电网有限公司电力安全工器具管理规定》[国网（安监/4）289-2022］附录6

236. 单梯在距梯顶（   ）m处应设限高标志。

A.0.5   B.1   C.1.5

答案：B   见《国家电网有限公司电力安全工器具管理规定》[国网（安

监/4）289-2022］附录6

237. 梯子与地面的夹角应为（   ）左右。

A.50°   B.60°   C.70°

答案：B 见《国家电网有限公司电力安全工器具管理规定》［国网（安监/4）289-2022］附录6

238. 工作人员必须在距梯顶（   ）m以下的梯蹬上工作。

A.0.8   B.0.9   C.1.0

答案：C 见《国家电网有限公司电力安全工器具管理规定》［国网（安监/4）289-2022］附录6

239. 严禁人在梯子上时移动梯子，严禁上下抛递工具、（   ）。

A. 设备   B. 材料   C. 装置

答案：B 见《国家电网有限公司电力安全工器具管理规定》［国网（安监/4）289-2022］附录6

240. 在变电站高压设备区或高压室内应使用绝缘材料的梯子，禁止使用金属梯子。搬动梯子时，应放倒（   ）搬运，并与带电部分保持安全距离。

A. 一人   B. 多人   C. 两人

答案：C 见《国家电网有限公司电力安全工器具管理规定》［国网（安监/4）289-2022］附录6

241. 软梯的接头应（   ）连接，不允许有股接头。

A. 单根丝线   B. 两根丝线   C. 多根丝线

答案：A 见《国家电网有限公司电力安全工器具管理规定》［国网（安监/4）289-2022］附录6

242. 使用软梯进行移动作业时，软梯上只准（   ）工作。

A. 多人   B. 一人   C. 两人

答案：B 见《国家电网有限公司电力安全工器具管理规定》［国网（安监/4）289-2022］附录6

243. 在连续档距的导、地线上挂软梯时，其导、地线（钢芯铝绞线和铝合金绞线）的截面积不得小于（　　）mm²。

A.185　　　　　　B.95　　　　　　C.120

答案：C　见《国家电网有限公司电力安全工器具管理规定》[国网（安监/4）289-2022]附录6

244. 在连续档距的导、地线上挂软梯时，其导、地线（钢绞线）的截面积不得小于（　　）mm²。

A.35　　　　　　B.50　　　　　　C.95

答案：B　见《国家电网有限公司电力安全工器具管理规定》[国网（安监/4）289-2022]附录6

245. 快装脚手架的外支撑杆应能调节（　　），并有效锁止。

A. 长度　　　　　B. 高度　　　　　C. 宽度

答案：A　见《国家电网有限公司电力安全工器具管理规定》[国网（安监/4）289-2022]附录6

246. 快装脚手架的底脚应能调节（　　）且有效锁止。

A. 前后　　　　　B. 高低　　　　　C. 左右

答案：B　见《国家电网有限公司电力安全工器具管理规定》[国网（安监/4）289-2022]附录6

247. 当快装脚手架的平台高度超过（　　）m时，必须使用安全护栏。

A.1.00　　　　　B.1.10　　　　　C.1.20

答案：C　见《国家电网有限公司电力安全工器具管理规定》[国网（安监/4）289-2022]附录6

248. 拆卸型检修平台应进行防腐处理，其中铝合金宜采用（　　）。

A. 表面阳极氧化处理

B. 镀锌处理

C. 不锈钢

答案：A　见《国家电网有限公司电力安全工器具管理规定》[国网（安监/4）289-2022]附录6

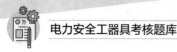

249. 拆卸型检修平台应进行防腐处理，其中黑色金属宜采用（   ）。

A. 表面阳极氧化处理　　　B. 镀锌处理　　　　　C. 不锈钢

答案：B　见《国家电网有限公司电力安全工器具管理规定》[国网（安监/4）289-2022]附录6

250. 拆卸型检修平台应进行防腐处理，其中可旋转部位的材料宜采用（   ）。

A. 表面阳极氧化处理

B. 镀锌处理

C. 不锈钢

答案：C　见《国家电网有限公司电力安全工器具管理规定》[国网（安监/4）289-2022]附录6

251. 梯台型检修平台作业面上方不低于（   ）m的位置应配置安全带或防坠器的悬挂装置。

A.1　　　　　　　　　B.0.9　　　　　　　　C.0.8

答案：A　见《国家电网有限公司电力安全工器具管理规定》[国网（安监/4）289-2022]附录6

252. 梯台型检修平台上方（   ）mm处应设置防护栏。

A.1000 ~ 1200　　　　B.1050 ~ 1200　　　　C.1050 ~ 1100

答案：B　见《国家电网有限公司电力安全工器具管理规定》[国网（安监/4）289-2022]附录6

253. 橡胶塑料类安全工器具应存放在干燥、通风、避光的环境下，存放时离开地面和墙壁（   ）cm以上。

A.10　　　　　　　　　B.20　　　　　　　　C.30

答案：B　见《国家电网有限公司电力安全工器具管理规定》[国网（安监/4）289-2022]附录7

254. 橡胶塑料类安全工器具应存放在干燥、通风、避光的环境下，存放时离开发热源（   ）m以上。

A.1　　　　　　　　　B.2　　　　　　　　　C.3

答案：A 见《国家电网有限公司电力安全工器具管理规定》[国网（安监/4）289-2022]附录7

255. 防毒面具的滤毒罐（盒）的贮存期为（　　　），过期产品应经检验合格后方可使用。

A.4 年（3 年）　　　　B.5 年（3 年）　　　　C.5 年（4 年）

答案：B 见《国家电网有限公司电力安全工器具管理规定》[国网（安监/4）289-2022]附录7

256. 绝缘手套应存放在干燥、阴凉的（　　　）内，与其他工具分开放置。

A. 专用柜　　　　　　B. 仓库　　　　　　C. 工具箱

答案：A 见《国家电网有限公司电力安全工器具管理规定》[国网（安监/4）289-2022]附录7

257. 绝缘靴（鞋）应放在干燥通风的仓库中，防止霉变。贮存期限一般为（　　　）个月（自生产日期起计算）。

A.12　　　　　　　　B.24　　　　　　　　C.36

答案：B 见《国家电网有限公司电力安全工器具管理规定》[国网（安监/4）289-2022]附录7

258. 绝缘靴（鞋）贮存期限（自生产日期起计算）超过（　　　）个月的产品须逐只进行电性能预防性试验，只有符合标准规定的鞋，方可以电绝缘鞋销售或使用。

A.6　　　　　　　　B.12　　　　　　　　C.24

答案：C 见《国家电网有限公司电力安全工器具管理规定》[国网（安监/4）289-2022]附录7

259. 当绝缘垫（毯）脏污时，可在不超过制造厂家推荐的水温下对其用（　　　）进行清洗。

A. 清水　　　　　　　B. 肥皂　　　　　　C. 溶剂

答案：B 见《国家电网有限公司电力安全工器具管理规定》[国网（安监/4）289-2022]附录7

260. 如果绝缘垫粘上了焦油和油漆，应该马上用适当的（　　　）对受污染的地方进行擦拭，应避免溶剂使用过量。

A. 溶剂　　　　　　B. 清水　　　　　　C. 肥皂

答案：A　见《国家电网有限公司电力安全工器具管理规定》[国网（安监 /4）289–2022] 附录 7

261. 绝缘垫（毯）贮存在（　　　）内。

A. 专用柜　　　　　B. 专用箱　　　　　C. 工具箱

答案：B　见《国家电网有限公司电力安全工器具管理规定》[国网（安监 /4）289–2022] 附录 7

262. 对潮湿的绝缘垫（毯）应进行干燥处理，但干燥处理的温度不能超过（　　　）℃。

A.75　　　　　　　B.55　　　　　　　C.65

答案：C　见《国家电网有限公司电力安全工器具管理规定》[国网（安监 /4）289–2022] 附录 7

263. 绝缘隔板应统一编号，存放在室内干燥通风、离地面（　　　）mm以上专用的工具架上或柜内。

A.100　　　　　　B.200　　　　　　C.300

答案：B　见《国家电网有限公司电力安全工器具管理规定》[国网（安监 /4）289–2022] 附录 7

264. 如果绝缘隔板表面有轻度擦伤，应涂（　　　）处理。

A. 绝缘漆　　　　　B. 油漆　　　　　　C. 清漆

答案：A　见《国家电网有限公司电力安全工器具管理规定》[国网（安监 /4）289–2022] 附录 7

265. 接地线不用时将软铜线盘好，存放在（　　　）室内。

A. 恒温　　　　　　B. 通风　　　　　　C. 干燥

答案：C　见《国家电网有限公司电力安全工器具管理规定》[国网（安监 /4）289–2022] 附录 7

266. 核相器应存放在干燥通风的专用支架上或者专用（　　）内。

A. 包装盒　　　　B. 防潮盒　　　　C. 包装袋

答案：A　见《国家电网有限公司电力安全工器具管理规定》[国网（安监/4）289-2022]附录7

267. 验电器使用后应存放在（　　）或绝缘安全工器具存放柜内，置于通风干燥处。

A. 包装盒　　　　B. 防潮盒　　　　C. 包装袋

答案：B　见《国家电网有限公司电力安全工器具管理规定》[国网（安监/4）289-2022]附录7

268. 绝缘夹钳应保存在专用的箱子或（　　）里以防受潮和磨损。

A. 匣子　　　　B. 盒子　　　　C. 袋子

答案：A　见《国家电网有限公司电力安全工器具管理规定》[国网（安监/4）289-2022]附录7

269. 纤维类安全工器具应放在干燥、通风、避免阳光直晒、无腐蚀及有害物质的位置，并与热源保持（　　）m以上的距离。

A.0.5　　　　B.1　　　　C.1.5

答案：B　见《国家电网有限公司电力安全工器具管理规定》[国网（安监/4）289-2022]附录7

270. 安全带不使用时，应由（　　）保管。

A. 专人　　　　B. 班长　　　　C. 安全员

答案：A　见《国家电网有限公司电力安全工器具管理规定》[国网（安监/4）289-2022]附录7

271. 安全带储存时，应对安全带定期进行外观检查，发现异常必须立即更换，检查频次应根据安全带的（　　）确定。

A. 试验周期　　　　B. 损坏情况　　　　C. 使用频率

答案：C　见《国家电网有限公司电力安全工器具管理规定》[国网（安监/4）289-2022]附录7

272. 安全网不使用时，应由（　　　）保管。

A. 专人　　　　　　　　B. 班长　　　　　　　　C. 安全员

答案：A 见《国家电网有限公司电力安全工器具管理规定》[国网（安监/4）289-2022]附录7

273. 合成纤维带速差式防坠器，如果纤维带浸过泥水、油污等，应使用（　　　）和软刷对纤维带进行刷洗。

A. 化学洗涤剂　　　B. 酒精　　　　　　　C. 清水

答案：C 见《国家电网有限公司电力安全工器具管理规定》[国网（安监/4）289-2022]附录7

274. 静电防护服装应保持清洁，保持防静电性能，使用后用软毛刷、软布蘸（　　　）刷洗，不可损伤服料纤维。

A. 酒精　　　　　　　B. 中性洗涤剂　　　C. 化学洗涤剂

答案：B 见《国家电网有限公司电力安全工器具管理规定》[国网（安监/4）289-2022]附录7

275. 钢绳索速差式防坠器，如钢丝绳浸过泥水等，应使用涂有（　　　）的棉布对钢丝绳进行擦洗，以防锈蚀。

A. 少量机油　　　　　B. 中性洗涤剂　　　C. 化学洗涤剂

答案：A 见《国家电网有限公司电力安全工器具管理规定》[国网（安监/4）289-2022]附录7

276. 橡胶塑料类安全工具器应存放在干燥、通风、避光的环境下，存放时离开地面和墙壁（　　　）cm以上。

A. 10　　　　　　　　B. 20　　　　　　　　C. 30

答案：B 见《国家电网有限公司电力安全工器具管理规定》[国网（安监/4）289-2022]附录7

277. 防护眼镜保管于干净、（　　　）的地方。

A. 不易碰撞　　　B. 无酸　　　　　　　C. 无碱

答案：A 见《国家电网有限公司电力安全工器具管理规定》[国网（安监/4）289-2022]附录7

278. 绝缘靴贮存期限一般为（　　）个月。

A.12　　　　　　　B.18　　　　　　　C.24

答案：C 见《国家电网有限公司电力安全工器具管理规定》[国网（安监/4）289-2022]附录7

279. 电力安全工器具库房应具备温湿度自动控制、调节功能。温度控制在（　　）℃。

A.10 ~ 28　　　　　B.10 ~ 30　　　　　C.5 ~ 25

答案：A 见《国家电网有限公司电力安全工器具管理规定》[国网（安监/4）289-2022]附录8

280. 电力安全工器具库房应具备温湿度自动控制、调节功能，湿度不大于（　　）。

A.50%　　　　　　B.60%　　　　　　C.70%

答案：B 见《国家电网有限公司电力安全工器具管理规定》[国网（安监/4）289-2022]附录8

281. 电力安全工器具库房净空高度宜大于（　　）m。

A.2.9　　　　　　B.2.8　　　　　　C.2.7

答案：C 见《国家电网有限公司电力安全工器具管理规定》[国网（安监/4）289-2022]附录8

282. 若室内外温差较大，安全工器具入库前应在过渡区暂存（　　）h以上，不再出现凝露时再放入存放区。

A.1　　　　　　　B.2　　　　　　　C.3

答案：A 见《国家电网有限公司电力安全工器具管理规定》[国网（安监/4）289-2022]附录8

283. 绝缘隔板应统一编号，存放在室内干燥通风、离地面（　　）mm以上专用的工具架上或柜内。

A.100　　　　　　B.150　　　　　　C.200

答案：C 见《国家电网有限公司电力安全工器具管理规定》[国网（安监/4）289-2022]附录7

284. 库房（　　）应设置标识牌，标识牌应按照国家电网公司标识应用手册的相关要求，设置在进门醒目位置。

　　A. 外墙　　　　　　　B. 内墙　　　　　　　C. 门上

　　答案：A　　见《国家电网有限公司电力安全工器具管理规定》[国网（安监/4）289-2022]附录 8

285. 核相器应存放在干燥通风的专用支架上或专用（　　）内。

　　A. 箱子　　　　　　　B. 柜子　　　　　　　C. 包装盒

　　答案：C　　见《国家电网有限公司电力安全工器具管理规定》[国网（安监/4）289-2022]附录 7

286. 库房所在专业室、班组或供电所，应按照"谁使用、谁管理"原则，全面负责库房的日常检查、维护和管理。同时指定 1 名库房（　　），落实并开展相关工作。

　　A. 管理人员　　　　　B. 负责人　　　　　　C. 值守人

　　答案：A　　见《国家电网有限公司电力安全工器具管理规定》[国网（安监/4）289-2022]附录 8

287. 一经合闸即可送电到施工设备的断路器（开关）和隔离开关（刀闸）操作把手上应悬挂（　　）标示牌。

　　A. "禁止合闸，线路有人工作！"

　　B. "禁止合闸，有人工作！"

　　C. "止步，高压危险！"

　　答案：B　　见《国家电网公司电力安全工作规程　线路部分》（Q/GDW 1799.2—2013）附录 J

288. 线路断路器（开关）和隔离开关（刀闸）把手上应悬挂（　　）标示牌。

　　A. "禁止合闸，线路有人工作！"

　　B. "禁止合闸，有人工作！"

　　C. "止步，高压危险！"

　　答案：A　　见《国家电网公司电力安全工作规程　线路部分》（Q/GDW 1799.2—2013）附录 J

289. "禁止分闸!"标示牌的字样是（　　　）。

A. 红底白字　　　　　B. 黑字　　　　　　　C. 写于白圆圈中

答案：A　见《国家电网公司电力安全工作规程　线路部分》（Q/GDW 1799.2—2013）附录 J

290. "从此上下!"标示牌的尺寸是（　　　）。

A.80mm × 65mm

B.250mm × 250mm

C.200mm × 160mm

答案：B　见《国家电网公司电力安全工作规程　线路部分》（Q/GDW 1799.2—2013）附录 J

291. "从此进出!"标示牌的尺寸是（　　　）。

A.200mm × 160mm　　B.300mm × 240mm　　C.250mm × 250mm

答案：C　见《国家电网公司电力安全工作规程　线路部分》（Q/GDW 1799.2—2013）附录 J

292. 电容型验电器启动电压中的启动电压值不高于额定电压的（　　　）。

A.60%　　　　　　　B.50%　　　　　　　C.40%

答案：C　见《国家电网公司电力安全工作规程　线路部分》（Q/GDW 1799.2—2013）附录 L

293. 电容型验电器启动电压中的启动电压值不低于额定电压的（　　　）。

A.15%　　　　　　　B.10%　　　　　　　C.5%

答案：A　见《国家电网公司电力安全工作规程　线路部分》（Q/GDW 1799.2—2013）附录 L

294. 额定电压为 10kV 的电容型验电器工频耐压试验长度为（　　　）m。

A.0.5　　　　　　　B.0.6　　　　　　　C.0.7

答案：C　见《国家电网公司电力安全工作规程　线路部分》（Q/GDW 1799.2—2013）附录 L

295. 额定电压为 35kV 的电容型验电器工频耐压试验长度为（　　　）m。

A.0.7　　　　　　　B.0.9　　　　　　　C.1.0

答案：B 见《国家电网公司电力安全工作规程 线路部分》（Q/GDW 1799.2—2013）附录 L

296. 额定电压为 66kV 的电容型验电器工频耐压试验长度为（　　）m。

A.1.0　　　　　　　B.1.1　　　　　　　C.1.3

答案：A 见《国家电网公司电力安全工作规程 线路部分》（Q/GDW 1799.2—2013）附录 L

297. 额定电压为 110kV 的电容型验电器工频耐压试验长度为（　　）m。

A.1.0　　　　　　　B.1.1　　　　　　　C.1.3

答案：C 见《国家电网公司电力安全工作规程 线路部分》（Q/GDW 1799.2—2013）附录 L

298. 额定电压为 220kV 的电容型验电器工频耐压试验长度为（　　）m。

A.2.0　　　　　　　B.2.1　　　　　　　C.2.3

答案：B 见《国家电网公司电力安全工作规程 线路部分》（Q/GDW 1799.2—2013）附录 L

299. 额定电压为 330kV 的电容型验电器工频耐压试验长度为（　　）m。

A.3.2　　　　　　　B.3.5　　　　　　　C.3.8

答案：A 见《国家电网公司电力安全工作规程 线路部分》（Q/GDW 1799.2—2013）附录 L

300. 额定电压为 500kV 的电容型验电器工频耐压试验长度为（　　）m。

A.4.0　　　　　　　B.4.1　　　　　　　C.4.2

答案：B 见《国家电网公司电力安全工作规程 线路部分》（Q/GDW 1799.2—2013）附录 L

301. 携带型短路接地线成组直流电阻试验不超过（　　）年。

A.6　　　　　　　　B.4　　　　　　　　C.5

答案：C 见《国家电网公司电力安全工作规程 线路部分》（Q/GDW 1799.2—2013）附录 L

302. 截面积为 25mm² 的携带型短路接地线进行成组直流电阻试验时，在各接线鼻之间测量直流电阻，平均每米的电阻值应小于（   ）mΩ。

A.0.85　　　　　　　B.0.79　　　　　　　C.0.61

答案：B　见《国家电网公司电力安全工作规程　线路部分》（Q/GDW 1799.2—2013）附录 L

303. 截面积为 35mm² 的携带型短路接地线进行成组直流电阻试验时，在各接线鼻之间测量直流电阻，平均每米的电阻值应小于（   ）mΩ。

A.0.56　　　　　　　B.0.61　　　　　　　C.0.79

答案：A　见《国家电网公司电力安全工作规程　线路部分》（Q/GDW 1799.2—2013）附录 L

304. 截面积为 50mm² 的携带型短路接地线进行成组直流电阻试验时，在各接线鼻之间测量直流电阻，平均每米的电阻值应小于（   ）mΩ。

A.0.21　　　　　　　B.0.28　　　　　　　C.0.4

答案：C　见《国家电网公司电力安全工作规程　线路部分》（Q/GDW 1799.2—2013）附录 L

305. 截面积为 70mm² 的携带型短路接地线进行成组直流电阻试验时，在各接线鼻之间测量直流电阻，平均每米的电阻值应小于（   ）mΩ。

A.0.21　　　　　　　B.0.28　　　　　　　C.0.4

答案：B　见《国家电网公司电力安全工作规程　线路部分》（Q/GDW 1799.2—2013）附录 L

306. 截面积为 95mm² 的携带型短路接地线进行成组直流电阻试验时，在各接线鼻之间测量直流电阻，平均每米的电阻值应小于（   ）mΩ。

A.0.21　　　　　　　B.0.28　　　　　　　C.0.4

答案：A　见《国家电网公司电力安全工作规程　线路部分》（Q/GDW 1799.2—2013）附录 L

307. 截面积为 120mm² 的携带型短路接地线进行成组直流电阻试验时，在各接线鼻之间测量直流电阻，平均每米的电阻值应小于（   ）mΩ。

A.0.16　　　　　　　B.0.21　　　　　　　C.0.28

答案：A 见《国家电网公司电力安全工作规程 线路部分》（Q/GDW 1799.2—2013）附录L

308. 截面积为 10mm² 的个人保安线进行成组直流电阻试验时，在各接线鼻之间测量直流电阻，平均每米的电阻值应小于（　　）mΩ。

　　A.1.98　　　　　　B.0.79　　　　　　C.1.24

答案：A 见《国家电网公司电力安全工作规程 线路部分》（Q/GDW 1799.2—2013）附录L

309. 截面积为 16mm² 的个人保安线进行成组直流电阻试验时，在各接线鼻之间测量直流电阻，平均每米的电阻值应小于（　　）mΩ。

　　A.1.98　　　　　　B.0.79　　　　　　C.1.24

答案：C 见《国家电网公司电力安全工作规程 线路部分》（Q/GDW 1799.2—2013）附录L

310. 截面积为 25mm² 的个人保安线进行成组直流电阻试验时，在各接线鼻之间测量直流电阻，平均每米的电阻值应小于（　　）mΩ。

　　A.1.98　　　　　　B.0.79　　　　　　C.1.24

答案：B 见《国家电网公司电力安全工作规程 线路部分》（Q/GDW 1799.2—2013）附录L

311. 额定电压为 10kV 的绝缘杆工频耐压试验长度为（　　）m。

　　A.0.5　　　　　　B.0.6　　　　　　C.0.7

答案：C 见《国家电网公司电力安全工作规程 线路部分》（Q/GDW 1799.2—2013）附录L

312. 额定电压为 35kV 的绝缘杆工频耐压试验长度为（　　）m。

　　A.0.7　　　　　　B.0.9　　　　　　C.1.0

答案：B 见《国家电网公司电力安全工作规程 线路部分》（Q/GDW 1799.2—2013）附录L

313. 额定电压为 66kV 的绝缘杆工频耐压试验长度为（　　）m。

　　A.1.0　　　　　　B.1.1　　　　　　C.1.3

答案：A 见《国家电网公司电力安全工作规程 线路部分》（Q/GDW

1799.2—2013）附录 L

314. 额定电压为 110kV 的绝缘杆工频耐压试验长度为（　　）m。

A.1.0　　　　　　　B.1.1　　　　　　　C.1.3

答案：C　见《国家电网公司电力安全工作规程　线路部分》（Q/GDW 1799.2—2013）附录 L

315. 额定电压为 220kV 的绝缘杆工频耐压试验长度为（　　）m。

A.2.0　　　　　　　B.2.1　　　　　　　C.2.3

答案：B　见《国家电网公司电力安全工作规程　线路部分》（Q/GDW 1799.2—2013）附录 L

316. 额定电压为 330kV 的绝缘杆工频耐压试验长度为（　　）m。

A.3.2　　　　　　　B.3.5　　　　　　　C.3.8

答案：A　见《国家电网公司电力安全工作规程　线路部分》（Q/GDW 1799.2—2013）附录 L

317. 额定电压为 500kV 的绝缘杆工频耐压试验长度为（　　）m。

A.4.0　　　　　　　B.4.1　　　　　　　C.4.2

答案：B　见《国家电网公司电力安全工作规程　线路部分》（Q/GDW 1799.2—2013）附录 L

318. 额定电压为 10kV 的核相器连接导线绝缘强度试验中工频耐压为（　　）kV。

A.6　　　　　　　　B.7　　　　　　　　C.8

答案：C　见《国家电网公司电力安全工作规程　线路部分》（Q/GDW 1799.2—2013）附录 L

319. 额定电压为 35kV 的核相器连接导线绝缘强度试验中工频耐压为（　　）kV。

A.27　　　　　　　B.28　　　　　　　C.29

答案：B　见《国家电网公司电力安全工作规程　线路部分》（Q/GDW 1799.2—2013）附录 L

320. 额定电压为10kV的核相器绝缘部分工频耐压试验长度为（   ）m。

A.0.7   B.0.8   C.0.9

答案：A 见《国家电网公司电力安全工作规程　线路部分》（Q/GDW 1799.2—2013）附录L

321. 额定电压为35kV的核相器绝缘部分工频耐压试验长度为（   ）m。

A.0.7   B.0.8   C.0.9

答案：C 见《国家电网公司电力安全工作规程　线路部分》（Q/GDW 1799.2—2013）附录L

322. 额定电压为10kV的核相器电阻管泄漏电流试验中泄漏电流值为不大于（   ）mA。

A.2   B.2.5   C.9

答案：A 见《国家电网公司电力安全工作规程　线路部分》（Q/GDW 1799.2—2013）附录L

323. 额定电压为35kV的核相器电阻管泄漏电流试验中泄漏电流值为不大于（   ）mA。

A.2   B.2.5   C.9

答案：A 见《国家电网公司电力安全工作规程　线路部分》（Q/GDW 1799.2—2013）附录L

324. 额定电压为10kV的核相器绝缘部分工频耐压试验耐压值为（   ）kV。

A.95   B.80   C.45

答案：C 见《国家电网公司电力安全工作规程　线路部分》（Q/GDW 1799.2—2013）附录L

325. 额定电压为35kV的核相器绝缘部分工频耐压试验耐压值为（   ）kV。

A.95   B.80   C.45

答案：A 见《国家电网公司电力安全工作规程　线路部分》（Q/GDW

1799.2—2013）附录 L

326. 核相器动作电压试验中，其最低动作电压应达（　　）倍额定电压。

A. 0.25　　　　　　B. 0.20　　　　　　C. 0.15

答案：A　见《国家电网公司电力安全工作规程　线路部分》（Q/GDW 1799.2—2013）附录 L

327. 额定电压为 6～10kV 的绝缘罩工频耐压试验耐压值为（　　）kV。

A. 95　　　　　　　B. 80　　　　　　　C. 30

答案：C　见《国家电网公司电力安全工作规程　线路部分》（Q/GDW 1799.2—2013）附录 L

328. 额定电压为 35kV 的绝缘罩工频耐压试验耐压值为（　　）kV。

A. 95　　　　　　　B. 80　　　　　　　C. 30

答案：B　见《国家电网公司电力安全工作规程　线路部分》（Q/GDW 1799.2—2013）附录 L

329. 额定电压为 6～35kV 的绝缘隔板表面工频耐压试验中工频耐压值为（　　）kV。

A. 80　　　　　　　B. 60　　　　　　　C. 30

答案：B　见《国家电网公司电力安全工作规程　线路部分》（Q/GDW 1799.2—2013）附录 L

330. 额定电压为 6～35kV 的绝缘隔板表面工频耐压试验电极间距离为（　　）mm。

A. 300　　　　　　B. 200m　　　　　　C. 100

答案：A　见《国家电网公司电力安全工作规程　线路部分》（Q/GDW 1799.2—2013）附录 L

331. 额定电压为 6～10kV 的绝缘隔板工频耐压试验中工频耐压值是（　　）kV。

A. 80　　　　　　　B. 60　　　　　　　C. 30

答案：C　见《国家电网公司电力安全工作规程　线路部分》（Q/GDW 1799.2—2013）附录 L

332. 额定电压为 35kV 的绝缘隔板工频耐压试验中工频耐压值是（　　）kV。

A.80　　　　　　　　B.60　　　　　　　　C.30

答案：A　见《国家电网公司电力安全工作规程　线路部分》（Q/GDW 1799.2—2013）附录 L

333. 电压等级为高压的绝缘胶垫工频耐压试验中工频耐压值是（　　）kV。

A.3.5　　　　　　　　B.8　　　　　　　　C.15

答案：C　见《国家电网公司电力安全工作规程　线路部分》（Q/GDW 1799.2—2013）附录 L

334. 电压等级为低压的绝缘胶垫工频耐压试验中工频耐压值是（　　）kV。

A.3.5　　　　　　　　B.8　　　　　　　　C.15

答案：A　见《国家电网公司电力安全工作规程　线路部分》（Q/GDW 1799.2—2013）附录 L

335. 绝缘靴工频耐压试验中泄漏电流值为不大于（　　）mA。

A.2　　　　　　　　B.7.5　　　　　　　　C.9

答案：B　见《国家电网公司电力安全工作规程　线路部分》（Q/GDW 1799.2—2013）附录 L

336. 绝缘靴工频耐压试验中工频耐压值是（　　）kV。

A.3.5　　　　　　　　B.8　　　　　　　　C.15

答案：C　见《国家电网公司电力安全工作规程　线路部分》（Q/GDW 1799.2—2013）附录 L

337. 电压等级为高压的绝缘手套工频耐压试验中工频耐压值是（　　）kV。

A.2.5　　　　　　　　B.8　　　　　　　　C.15

答案：B　见《国家电网公司电力安全工作规程　线路部分》（Q/GDW 1799.2—2013）附录 L

338. 电压等级为低压的绝缘手套工频耐压试验中工频耐压值是（　　）kV。

A.2.5　　　　　　　B.8　　　　　　　C.15

答案：A　见《国家电网公司电力安全工作规程　线路部分》（Q/GDW 1799.2—2013）附录 L

339. 电压等级为高压的绝缘手套工频耐压试验中泄漏电流值为不大于（　　）mA。

A.2.5　　　　　　　B.7.5　　　　　　C.9

答案：C　见《国家电网公司电力安全工作规程　线路部分》（Q/GDW 1799.2—2013）附录 L

340. 电压等级为低压的绝缘手套工频耐压试验中泄漏电流值为不大于（　　）mA。

A.2.5　　　　　　　B.7.5　　　　　　C.9

答案：A　见《国家电网公司电力安全工作规程　线路部分》（Q/GDW 1799.2—2013）附录 L

341. 导电鞋进行的直流电阻试验电阻值小于（　　）kΩ。

A.50　　　　　　　B.100　　　　　　C.150

答案：B　见《国家电网公司电力安全工作规程　线路部分》（Q/GDW 1799.2—2013）附录 L

342. 额定电压为 10kV 的绝缘夹钳工频耐压试验中工频耐压值是（　　）kV。

A.95　　　　　　　B.60　　　　　　　C.45

答案：C　见《国家电网公司电力安全工作规程　线路部分》（Q/GDW 1799.2—2013）附录 L

343. 额定电压为 35kV 的绝缘夹钳工频耐压试验中工频耐压值是（　　）kV。

A.95　　　　　　　B.60　　　　　　　C.45

答案：A　见《国家电网公司电力安全工作规程　线路部分》（Q/GDW 1799.2—2013）附录 L

344. 额定电压为 10kV 的绝缘夹钳工频耐压试验中试验长度是
(   ) m。

A.0.7　　　　　　　　B.0.8　　　　　　　　C.0.9

答案：A　见《国家电网公司电力安全工作规程　线路部分》(Q/GDW 1799.2—2013) 附录 L

345. 额定电压为 35kV 的绝缘夹钳工频耐压试验中试验长度是
(   ) m。

A.0.7　　　　　　　　B.0.8　　　　　　　　C.0.9

答案：C　见《国家电网公司电力安全工作规程　线路部分》(Q/GDW 1799.2—2013) 附录 L

346. 绝缘绳工频耐压试验中工频耐压值是 (   )。

A.80kV/0.5m　　　　B.95kV/0.5m　　　　C.105kV/0.5m

答案：C　见《国家电网公司电力安全工作规程　线路部分》(Q/GDW 1799.2—2013) 附录 L

347. 绝缘绳工频耐压试验中试验长度是 (   ) m。

A.0.5　　　　　　　　B.0.7　　　　　　　　C.0.9

答案：A　见《国家电网公司电力安全工作规程　线路部分》(Q/GDW 1799.2—2013) 附录 L

348. 围杆带的试验静拉力为 (   ) N。

A.1176　　　　　　　B.1470　　　　　　　C.2205

答案：C　见《国家电网公司电力安全工作规程　线路部分》(Q/GDW 1799.2—2013) 附录 M

349. 围杆绳的试验静拉力为 (   ) N。

A.4900　　　　　　　B.2205　　　　　　　C.1470

答案：B　见《国家电网公司电力安全工作规程　线路部分》(Q/GDW 1799.2—2013) 附录 M

350. 护腰带的试验静拉力为 (   ) N。

A.4900　　　　　　　B.2205　　　　　　　C.1470

答案：**C** 见《国家电网公司电力安全工作规程 线路部分》（Q/GDW 1799.2—2013）附录 M

351. 安全绳的试验静拉力为（ ）N。

A.2205 B.1765 C.1176

答案：**A** 见《国家电网公司电力安全工作规程 线路部分》（Q/GDW 1799.2—2013）附录 M

352. 从制造之日起，塑料安全帽的使用期限为不大于（ ）年。

A.1.5 B.2.5 C.3.5

答案：**B** 见《国家电网公司电力安全工作规程 线路部分》（Q/GDW 1799.2—2013）附录 M

353. 从制造之日起，玻璃钢帽的使用期限为不大于（ ）年。

A.1.5 B.2.5 C.3.5

答案：**C** 见《国家电网公司电力安全工作规程 线路部分》（Q/GDW 1799.2—2013）附录 M

354. 安全帽在使用期满后，抽查合格后该批方可继续使用，以后（ ）抽验一次。

A. 每半年 B. 每年 C. 每两年

答案：**B** 见《国家电网公司电力安全工作规程 线路部分》（Q/GDW 1799.2—2013）附录 M

355. 脚扣静负荷试验，施加（ ）N 静压力，持续时间 5min。

A.1176 B.1765 C.2205

答案：**A** 见《国家电网公司电力安全工作规程 线路部分》（Q/GDW 1799.2—2013）附录 M

356. 升降板静负荷试验，施加（ ）N 静压力，持续时间 5min。

A.1176 B.1765 C.2205

答案：**C** 见《国家电网公司电力安全工作规程 线路部分》（Q/GDW 1799.2—2013）附录 M

357. 软梯静负荷试验，施加4900N静压力，持续时间为（　　）min。

A.5　　　　　　　　B.3　　　　　　　　C.1

答案：A　见《国家电网公司电力安全工作规程　线路部分》（Q/GDW 1799.2—2013）附录M

358. 防坠自锁器静荷试验中，将（　　）kN荷载加载到导轨上，保持5min。

A.5　　　　　　　　B.10　　　　　　　　C.15

答案：C　见《国家电网公司电力安全工作规程　线路部分》（Q/GDW 1799.2—2013）附录M

359. 防坠自锁器静荷试验中，将15kN荷载加载到导轨上，保持（　　）min。

A.5　　　　　　　　B.4　　　　　　　　C.3

答案：A　见《国家电网公司电力安全工作规程　线路部分》（Q/GDW 1799.2—2013）附录M

二、多选题

1. 安全工器具是指为防止触电、灼烫、（　　　　）、淹溺、机械伤害等事故或职业危害，保障工作人员人身安全的个体防护装备、绝缘安全工器具、登高工器具、安全围栏（网）和标识牌等专用工具和器具。

A. 高处坠落　　　　B. 中毒和窒息　　　　C. 火灾　　　　D. 操作

答案：ABC　见《国家电网有限公司电力安全工器具管理规定》[国网（安监/4）289-2022]第一章第二条

2. 安全工器具管理遵循"谁主管、谁负责""谁使用、谁负责"的原则，实行"（　　　　）"的模式。

A. 统一配置　　　　B. 归口管理　　　　C. 专业负责　　　　D. 分级实施

答案：BCD　见《国家电网有限公司电力安全工器具管理规定》[国网（安监/4）289-2022]第一章第三条

3. 安全工器具应严格计划、采购、验收、试验、（　　　　）等全过程管理。

A. 使用　　　　B. 保管　　　　C. 检查　　　　D. 报废

答案：ABCD　见《国家电网有限公司电力安全工器具管理规定》[国网（安监/4）289-2022]第一章第三条

4. 安全工器具应做到"（　　　　）"。

A. 分类存放　　　　B. 配置齐备　　　　C. 安全可靠　　　　D. 合格有效

答案：BCD　见《国家电网有限公司电力安全工器具管理规定》[国网（安监/4）289-2022]第一章第三条

5. 国网发展部负责将安全工器具（　　　　　　）等相关需求计划纳入综合计划统筹管理。

　A. 购置更新　　　　　　　　　　　　B. 试验检测

　C. 使用培训　　　　　　　　　　　　D. 相关设施建设

　答案：ABD　见《国家电网有限公司电力安全工器具管理规定》[国网（安监 /4）289-2022] 第二章第七条

6. 国网设备部负责（　　　　　　）管理，确定配置标准，汇总、审核本专业年度计划并组织实施。

　A. 输电工程安全工器具　　　　　　　B. 变电工程安全工器具

　C. 配网工程安全工器具　　　　　　　D. 带电作业绝缘安全工器具

　答案：CD　见《国家电网有限公司电力安全工器具管理规定》[国网（安监 /4）289-2022] 第二章第七条

7. 国网财务部负责将（　　　　　　）等业务预算中安全工器具资金需求纳入公司预算统筹平衡，保证资金投入，并按规定组织做好有关资金管理、会计核算等工作。

　A. 固定资产零星购置　　　　　　　　B. 电网基建

　C. 生产大修技改　　　　　　　　　　D. 可控费用

　答案：ABCD　见《国家电网有限公司电力安全工器具管理规定》[国网（安监 /4）289-2022] 第二章第七条

8. 班组的管理职责包括安排专人做好班组安全工器具的（　　　　　　）工作。

　A. 日常维护　　　　B. 保养　　　　C. 定期送检　　　　D. 试验

　答案：ABC　见《国家电网有限公司电力安全工器具管理规定》[国网（安监 /4）289-2022] 第二章第十五条

9. 班组负责根据配置标准及工作实际，提出安全工器具的（　　　　　　）需求。

　A. 分配　　　　　　B. 购置　　　　　C. 更换　　　　　D. 报废

　答案：BCD　见《国家电网有限公司电力安全工器具管理规定》[国网（安监 /4）289-2022] 第二章第十五条

10. 班组应建立安全工器具管理台账，做到账、卡、物相符，（   ）齐全。

A. 使用记录   B. 缺陷记录   C. 试验报告   D. 检查记录

答案：CD 见《国家电网有限公司电力安全工器具管理规定》[国网（安监/4）289-2022]第二章第十五条

11. 安全工器具质量必须符合（   ）的要求。

A. 国家和行业有关法律、法规

B. 强制性标准

C. 技术规程

D. 公司相应规程规定

答案：ABCD 见《国家电网有限公司电力安全工器具管理规定》[国网（安监/4）289-2022]第三章第十七条

12. 安全工器具应严格履行物资验收手续，由物资部门负责组织验收，（   ）派人参加。

A. 安监部门   B. 运检部门

C. 使用单位   D. 检测机构（中心）

答案：ACD 见《国家电网有限公司电力安全工器具管理规定》[国网（安监/4）289-2022]第三章第十九条

13. 安全工器具应通过（   ）规定的型式试验，以及出厂试验和预防性试验。

A. 国家标准   B. 行业标准   C. 技术标准   D. 企业标准

答案：AB 见《国家电网有限公司电力安全工器具管理规定》[国网（安监/4）289-2022]第四章第二十一条

14. 各单位应加强安全工器具检测机构（中心）建设，完善工作体系和机制，有效开展试验工作，及时发现安全工器具（   ），保障使用安全。

A. 损坏   B. 缺陷   C. 丢失   D. 隐患

答案：BD 见《国家电网有限公司电力安全工器具管理规定》[国网（安监/4）289-2022]第四章第二十三条

15. 安全工器具使用期间应按规定做好预防性试验。预防性试验的（　　　　）应满足电力安全工器具预防性试验相关规程的要求。

A. 项目　　　　　B. 周期　　　　　C. 要求　　　　　D. 试验时间

答案：ABCD　见《国家电网有限公司电力安全工器具管理规定》[国网（安监/4）289-2022] 第四章第二十五条

16. 预防性试验报告和合格证（　　　　）应符合相关标准要求。

A. 内容　　　　　B. 项目　　　　　C. 周期　　　　　D. 格式

答案：AD　见《国家电网有限公司电力安全工器具管理规定》[国网（安监/4）289-2022] 第四章第二十六条

17. 各级单位应结合实际为班组配置充足、合格的安全工器具，并依托安全生产风险管控平台和信息化手段，建立统一分类的安全工器具（　　　　）。

A. 编码　　　　　B. 记录　　　　　C. 台账　　　　　D. 配置标准

答案：AC　见《国家电网有限公司电力安全工器具管理规定》[国网（安监/4）289-2022] 第五章第二十七条

18. 现场使用时，安全工器具宜根据产品要求存放于合适的（　　　　）处。

A. 温度　　　　　B. 湿度　　　　　C. 空气质量　　　　　D. 通风条件

答案：ABD　见《国家电网有限公司电力安全工器具管理规定》[国网（安监/4）289-2022] 第五章第二十八条

19. 安全工器具领用、归还应严格履行（　　　　）手续。

A. 验收　　　　　B. 交接　　　　　C. 登记　　　　　D. 入库

答案：BC　见《国家电网有限公司电力安全工器具管理规定》[国网（安监/4）289-2022] 第五章第二十九条

20. 归还安全工器具时，保管人和使用人应共同进行（　　　　），检查合格的返库存放。

A. 清洁整理　　　　　B. 编号对应　　　　　C. 名称无误　　　　　D. 检查确认

答案：AD　见《国家电网有限公司电力安全工器具管理规定》[国网（安监/4）289-2022] 第五章第二十九条

21. 各单位应充分依托安全生产风险管控平台，结合电子标签的推广应用，实现安全工器具（　　　　）等各环节管理的信息化和智能化。

A. 检查　　　　　　B. 使用　　　　　　C. 出库　　　　　　D. 入库

答案：BCD　见《国家电网有限公司电力安全工器具管理规定》[国网（安监 /4）289-2022]第五章第二十九条

22. 使用单位公用的安全工器具，应明确专人负责（　　　　　　）。

A. 管理　　　　　B. 维护　　　　　C. 保养　　　　　D. 配置

答案：ABC　见《国家电网有限公司电力安全工器具管理规定》[国网（安监 /4）289-2022]第五章第三十一条

23. 安全工器具报废，由使用保管单位（部门）提出处置申请，并提供（　　　　　）等相关佐证材料。

A. 试验不合格报告书　　　　　B. 外观损坏照片

C. 生产日期　　　　　　　　　D. 试验周期

答案：ABC　见《国家电网有限公司电力安全工器具管理规定》[国网（安监 /4）289-2022]第六章第三十六条

24. 对安全工器具使用和各类检查中及时（　　　　　）的单位和人员，应予以表扬和奖励。

A. 发现问题　　　　　　　　　B. 发现隐患

C. 避免人身事件　　　　　　　D. 避免设备事件

答案：ABCD　见《国家电网有限公司电力安全工器具管理规定》[国网（安监 /4）289-2022]第七章第四十二条

25. 安全工器具包括（　　　　　）。

A. 个体防护装备

B. 绝缘安全工器具

C. 登高工器具

D. 备品备件

答案：ABC　见《国家电网有限公司电力安全工器具管理规定》[国网（安监 /4）289-2022]附录1

26. 个体防护装备包括（　　　　　　）。

A. 安全帽 　　　　　　　　　　　　　B. 个人保安线

C. 携带型短路接地线 　　　　　　　　D.SF₆ 气体检漏仪

答案：ABD 见《国家电网有限公司电力安全工器具管理规定》[国网（安监 /4）289-2022]附录 1

27. 个体防护装备包括（　　　　　　）。

A. 绝缘绳　　　　B. 安全带　　　　C. 安全绳　　　　D. 连接器

答案：BCD 见《国家电网有限公司电力安全工器具管理规定》[国网（安监 /4）289-2022]附录 1

28. 个体防护装备包括（　　　　　　）。

A. 防护眼镜 　　　　　　　　　　　　B. 自吸过滤式防毒面具

C. 屏蔽服装 　　　　　　　　　　　　D. 防电弧服

答案：ABCD 见《国家电网有限公司电力安全工器具管理规定》[国网（安监 /4）289-2022]附录 1

29. 个体防护装备包括（　　　　　　）。

A. 耐酸服 　　　　　　　　　　　　　B. 正压式消防空气呼吸器

C. 导电鞋（防静电鞋） 　　　　　　　D. 绝缘绳

答案：ABC 见《国家电网有限公司电力安全工器具管理规定》[国网（安监 /4）289-2022]附录 1

30. 个体防护装备包括（　　　　　　）。

A. 带电作业用绝缘手套 　　　　　　　B.SF₆ 防护服

C. 耐酸手套 　　　　　　　　　　　　D. 耐酸靴

答案：BCD 见《国家电网有限公司电力安全工器具管理规定》[国网（安监 /4）289-2022]附录 1

31. 个体防护装备包括（　　　　　　）。

A. 安全网　　　　B. 静电防护服　　　　C. 救生衣　　　　D. 救生圈

答案：ABCD 见《国家电网有限公司电力安全工器具管理规定》[国网（安监 /4）289-2022]附录 1

32. 个体防护装备包括（　　　　）。

A. 速差自控器　　　B. 导轨自锁器　　　C. 脚手架　　　　D. 缓冲器

答案：ABD　见《国家电网有限公司电力安全工器具管理规定》［国网（安监/4）289-2022］附录1

33. 个体防护装备包括（　　　　）。

A. 脚扣　　　　　　　　　　　B. 升降板

C. 含氧量测试仪　　　　　　　D. 有害气体检测仪

答案：CD　见《国家电网有限公司电力安全工器具管理规定》［国网（安监/4）289-2022］附录1

34. 安全帽由（　　　　）组成。

A. 帽壳　　　　　B. 帽衬　　　　　C. 下颏带　　　　D. 附件

答案：ABCD　见《国家电网有限公司电力安全工器具管理规定》［国网（安监/4）289-2022］附录1

35. 防护眼镜是在进行检修工作、维护电气设备时，保护工作人员（　　　　）的防护用具。

A. 防止静电感应电压

B. 不受电弧灼伤

C. 防止异物落入眼内

D. 免受交流高压电场的影响

答案：BC　见《国家电网有限公司电力安全工器具管理规定》［国网（安监/4）289-2022］附录1

36. 安全带是防止高处作业人员发生坠落或发生坠落后将作业人员安全悬挂的个体防护装备，一般分为（　　　　）。

A. 围杆作业安全带

B. 区域限制安全带

C. 坠落悬挂安全带

D. 带电作业安全带

答案：ABC　见《国家电网有限公司电力安全工器具管理规定》［国网（安监/4）289-2022］附录1

37. 安全网可分为（　　　　　）。

A. 斜网　　　　　　　　　　　　B. 平网

C. 立网　　　　　　　　　　　　D. 密目式安全立网

答案：BCD　见《国家电网有限公司电力安全工器具管理规定》[国网（安监/4）289-2022]附录1

38. 防电弧服是一种用（　　　　　　）的隔层制成的保护穿着者身体的防护服装。

A. 绝缘　　　　　　　　　　　　B. 电弧

C. 防护　　　　　　　　　　　　D. 热能辐射

答案：AC　见《国家电网有限公司电力安全工器具管理规定》[国网（安监/4）289-2022]附录1

39. 耐酸服是用耐酸织物或（　　　　　　）等防酸面料制成。

A. 棉布　　　　　　　　　　　　B. 橡胶

C. 塑料　　　　　　　　　　　　D. 化纤

答案：BC　见《国家电网有限公司电力安全工器具管理规定》[国网（安监/4）289-2022]附录1

40. SF_6 防护服是为保护从事 SF_6 电气设备安装、调试、运行维护、试验、检修人员在现场工作的人身安全，避免作业人员遭受（　　　　　　）等有毒有害物质的伤害的防护服装。

A. 氢氟酸　　　　　　　　　　　B. 二氧化硫

C. 二氧化碳　　　　　　　　　　D. 低氟化物

答案：ABD　见《国家电网有限公司电力安全工器具管理规定》[国网（安监/4）289-2022]附录1

41. 耐酸靴采用（　　　　　　）等为鞋的材料。

A. 纺织纤维　　　　　　　　　　B. 防水革

C. 塑料　　　　　　　　　　　　D. 橡胶

答案：BCD　见《国家电网有限公司电力安全工器具管理规定》[国网（安监/4）289-2022]附录1

42. 防火服是消防员及高温作业人员近火作业时穿着的防护服装，用来对其（　　　　）进行隔热防护。

A. 上下躯干　　　　B. 头部　　　　　C. 手部　　　　　D. 脚部

答案：ABCD　见《国家电网有限公司电力安全工器具管理规定》[国网（安监/4）289-2022]附录1

43. 基本绝缘安全工器具是指能直接操作带电装置、接触或可能接触带电体的工器具，包括电容型电容型验电器、携带型短路接地线、绝缘杆、核相器、绝缘遮蔽罩、（　　　　）等。

A. 绝缘软梯　　　　B. 绝缘隔板　　　　C. 绝缘绳　　　　D. 绝缘夹钳

答案：BCD　见《国家电网有限公司电力安全工器具管理规定》[国网（安监/4）289-2022]附录1

44. 绝缘杆包括（　　　　）等。

A. 绝缘操作杆　　　　　　　　　B. 测高杆

C. 绝缘支拉吊线杆　　　　　　　D. 接地操作杆

答案：ABC　见《国家电网有限公司电力安全工器具管理规定》[国网（安监/4）289-2022]附录1

45. 带电作业用提线工具是在带电作业中用于（　　　　）的工具。

A. 取代绝缘绳

B. 取代直线绝缘子串

C. 承受导线的机械负荷和电气绝缘强度

D. 进行提吊导线

答案：BCD　见《国家电网有限公司电力安全工器具管理规定》[国网（安监/4）289-2022]附录1

46. 辅助绝缘安全工器具包括（　　　　）。

A. 辅助型绝缘手套　　　　　　　B. 辅助型绝缘鞋

C. 辅助型绝缘胶垫　　　　　　　D. 登高工器具

答案：ABC　见《国家电网有限公司电力安全工器具管理规定》[国网（安监/4）289-2022]附录1

47. 登高工器具包括（　　　）快装脚手架及检修平台等。

A. 脚扣

B. 升降板（登高板）

C. 梯子

D. 软梯

答案：ABC 见《国家电网有限公司电力安全工器具管理规定》[国网（安监/4）289-2022]附录1

48. 梯子一般分为（　　　）。

A. 竹梯

B. 木梯

C. 铝合金梯子

D. 复合材料梯子

答案：ABCD 见《国家电网有限公司电力安全工器具管理规定》[国网（安监/4）289-2022]附录1

49. 检修平台按功能分为（　　　）。

A. 固定型

B. 拆卸型

C. 升降型

D. 复合型

答案：BC 见《国家电网有限公司电力安全工器具管理规定》[国网（安监/4）289-2022]附录1

50. 标识牌包括各种（　　　）。

A. 安全警告牌

B. 设备标示牌

C. 锥形交通标

D. 警示带

答案：ABCD 见《国家电网有限公司电力安全工器具管理规定》[国网（安监/4）289-2022]附录1

51.（　　　）速差自控器的配置为2只。

A. 电缆检修班（10人）

B. 电缆运维班（10人）

C. 线路检修班（20人）

D. 变电一次检修班（10人）

答案：ABD 见《国家电网有限公司电力安全工器具管理规定》[国网（安监/4）289-2022]附录3

52.（　　　　）安全带的配置为每人6副。

A. 电缆检修班（10人）

B. 电缆运维班（10人）

C. 线路检修班（10人）

D. 线路运维班（10人）

答案：ABCD 见《国家电网有限公司电力安全工器具管理规定》[国网（安监/4）289 2022]附录3

53.（　　　　）锥形交通标的配置为10只。

A. 电缆检修班（10人）

B. 电缆运维班（10人）

C. 线路检修班（10人）

D. 线路运维班（10人）

答案：ABCD 见《国家电网有限公司电力安全工器具管理规定》[国网（安监/4）289-2022]附录3

54.（　　　　）安全警告牌（电力施工车辆慢行）的配置为2块。

A. 变电高压试验班（10人）

B. 通信、自动化班（10人）

C. 线路检修班（10人）

D. 线路运维班（10人）

答案：BCD 见《国家电网有限公司电力安全工器具管理规定》[国网（安监/4）289-2022]附录3

55.（　　　　）红布幔的配置为5块。

A. 电缆检修班（10人）

B. 电缆运维班（10人）

C. 变电二次检修班（10人）

D. 供电所（10人）

答案：CD 见《国家电网有限公司电力安全工器具管理规定》[国网（安监/4）289-2022]附录3

56. (　　　　　)辅助型绝缘靴的配置为 4 双。

A. 电缆检修班（10 人）

B. 电缆运维班（10 人）

C. 变电一次检修班（10 人）

D. 变电高压试验班（10 人）

答案：ABD 见《国家电网有限公司电力安全工器具管理规定》[国网（安监/4）289-2022]附录 3

57. (　　　　　)辅助型绝缘靴的配置为 4 双。

A. 供电所（10 人）

B. 变电高压试验班（10 人）

C. 线路检修班（10 人）

D. 线路运维班（10 人）

答案：ABC 见《国家电网有限公司电力安全工器具管理规定》[国网（安监/4）289-2022]附录 3

58. (　　　　　)辅助型绝缘手套的配置为 4 双。

A. 电缆检修班（10 人）

B. 电缆运维班（10 人）

C. 线路运维班（10 人）

D. 变电高压试验班（10 人）

答案：ABD 见《国家电网有限公司电力安全工器具管理规定》[国网（安监/4）289-2022]附录 3

59. 根据工作电压等级，每电压等级（　　　　　）各配备 4 支电容型验电器。

A. 供电所（10 人）

B. 电缆检修班（10 人）

C. 线路施工班（10 人）

D. 线路检修班（10 人）

答案：ACD 见《国家电网有限公司电力安全工器具管理规定》[国网（安监/4）289-2022]附录 3

60. 根据工作电压等级，（　　　　　　）应按照每电压等级配备2套工频高压发生器。

　　A. 电缆检修班（10人）

　　B. 线路检修班（10人）

　　C. 线路施工班（10人）

　　D. 供电所（10人）

答案：ABCD 见《国家电网有限公司电力安全工器具管理规定》[国网（安监/4）289-2022]附录3

61. （　　　　　　）个人保安线应配备6副。

　　A. 配电运维班（10人）

　　B. 配电检修班（10人）

　　C. 线路检修班（10人）

　　D. 线路施工班（10人）

答案：ABCD 见《国家电网有限公司电力安全工器具管理规定》[国网（安监/4）289-2022]附录3

62. （　　　　　　）登高梯具应配备2架。

　　A. 电缆检修班（10人）

　　B. 通信、自动化班（10人）

　　C. 线路检修班（10人）

　　D. 线路施工班（10人）

答案：ABCD 见《国家电网有限公司电力安全工器具管理规定》[国网（安监/4）289-2022]附录3

63. （　　　　　　）登高板应配备6副。

　　A. 电缆检修班（10人）

　　B. 线路检修班（10人）

　　C. 线路施工班（10人）

　　D. 供电所（10人）

答案：BCD 见《国家电网有限公司电力安全工器具管理规定》[国网（安监/4）289-2022]附录3

64.（　　　　　）安全警示带（围栏网）应配备 10 副。

A. 通信、自动化班（10 人）

B. 供电所（10 人）

C. 线路检修班（10 人）

D. 线路运维班（10 人）

答案：BCD　见《国家电网有限公司电力安全工器具管理规定》[国网（安监 /4）289-2022] 附录 3

65.（　　　　　）安全警示带（围栏网）应配备 10 副。

A. 通信、自动化班（10 人）

B. 配电检修班（10 人）

C. 电缆检修班（10 人）

D. 电缆运行班（10 人）

答案：BCD　见《国家电网有限公司电力安全工器具管理规定》[国网（安监 /4）289-2022] 附录 3

66.（　　　　　）有限次 SF_6 防护服应配备 2 套。

A. 变电一次检修班（10 人）

B. 变电高压试验班（10 人）

C. 电缆检修班（10 人）

D. 供电所（10 人）

答案：ABC　见《国家电网有限公司电力安全工器具管理规定》[国网（安监 /4）289-2022] 附录 3

67.（　　　　　）应配备 20 块"禁止合闸，有人工作！"安全警告牌。

A. 配电运维班（10 人）

B. 配电检修班（10 人）

C. 变电高压试验班（10 人）

D. 供电所（10 人）

答案：AB　见《国家电网有限公司电力安全工器具管理规定》[国网（安监 /4）289-2022] 附录 3

68. （　　　　　）应配备 10 块"止步，高压危险！"安全警告牌。

A. 电缆检修班（10 人）

B. 变电高压试验班（10 人）

C. 线路检修班（10 人）

D. 线路运维班（10 人）

答案：ABC 见《国家电网有限公司电力安全工器具管理规定》[国网（安监 /4）289-2022] 附录 3

69. （　　　　　）应配备 10 块"止步，高压危险！"安全警告牌。

A. 电缆运维班（10 人）

B. 通信、自动化班（10 人）

C. 配电检修班（10 人）

D. 配电运维班（10 人）

答案：ACD 见《国家电网有限公司电力安全工器具管理规定》[国网（安监 /4）289-2022] 附录 3

70. （　　　　　）应配备 10 块"在此工作！"安全警告牌。

A. 变电一次检修班（10 人）

B. 试验班（10 人）

C. 配电检修班（10 人）

D. 配电运维班（10 人）

答案：ABCD 见《国家电网有限公司电力安全工器具管理规定》[国网（安监 /4）289-2022] 附录 3

71. （　　　　　）应配备 10 块"在此工作！"安全警告牌。

A. 线路检修班（10 人）

B. 线路施工班（10 人）

C. 电缆检修班（10 人）

D. 线路无人机班（10 人）

答案：ABC 见《国家电网有限公司电力安全工器具管理规定》[国网（安监 /4）289-2022] 附录 3

72. （　　　　　）应配备 10 块"在此工作！"安全警告牌。

A. 变电二次检修班（10 人）

B. 通信、自动化班（10 人）

C. 线路运维班（10 人）

D. 供电所（10 人）

答案：ABCD　见《国家电网有限公司电力安全工器具管理规定》[国网（安监 /4）289-2022] 附录 3

73. （　　　　　）应配备 5 只锥形交通标。

A. 配电运维班（10 人）

B. 配电检修班（10 人）

C. 线路无人机班（10 人）

D. 通信、自动化班（10 人）

答案：CD　见《国家电网有限公司电力安全工器具管理规定》[国网（安监 /4）289-2022] 附录 3

74. （　　　　　）应配备 4 套自吸过滤式防毒面具。

A. 电缆检修班（10 人）

B. 电缆运维班（10 人）

C. 线路运维班（10 人）

D. 线路施工班（10 人）

答案：ABD　见《国家电网有限公司电力安全工器具管理规定》[国网（安监 /4）289-2022] 附录 3

75. （　　　　　）应配备 2 套自吸过滤式防毒面具。

A. 配电检修班（10 人）

B. 配电运维班（10 人）

C. 变电一次检修班（10 人）

D. 变电二次检修班（10 人）

答案：CD　见《国家电网有限公司电力安全工器具管理规定》[国网（安监 /4）289-2022] 附录 3

76.（　　　　）应配备 4 套正压式消防空气呼吸器。

A. 负责隧道检修的电缆检修班（10 人）

B. 负责隧道运行的电缆运维班（10 人）

C. 不负责隧道检修的电缆检修班（10 人）

D. 不负责隧道运行的电缆运维班（10 人）

答案：AB 见《国家电网有限公司电力安全工器具管理规定》[国网（安监 /4）289-2022] 附录 3

77.（　　　　）应配备 2 套正压式消防空气呼吸器。

A. 负责隧道检修的电缆检修班（10 人）

B. 负责隧道运行的电缆运维班（10 人）

C. 不负责隧道检修的电缆检修班（10 人）

D. 不负责隧道运行的电缆运维班（10 人）

答案：CD 见《国家电网有限公司电力安全工器具管理规定》[国网（安监 /4）289-2022] 附录 3

78.（　　　　）应配备 2 套气体检测仪。

A. 变电一次检修班（10 人）

B. 线路施工班（10 人）

C. 供电所（10 人）

D. 通信、自动化班（10 人）

答案：ABC 见《国家电网有限公司电力安全工器具管理规定》[国网（安监 /4）289-2022] 附录 3

79.（　　　　）应配备 1 套气体检测仪。

A. 电缆检修班（10 人）

B. 电缆运维班（10 人）

C. 线路运维班（10 人）

D. 变电二次检修班（10 人）

答案：CD 见《国家电网有限公司电力安全工器具管理规定》[国网（安监 /4）289-2022] 附录 3

80. （　　　　　）应配备 40 副安全围栏。

A.1000kV 变电站

B.±800kV 及以上换流站

C.500（750）kV 变电站

D.220（330）kV 变电站

答案：ABC　见《国家电网有限公司电力安全工器具管理规定》[国网（安监 /4）289-2022]附录 4

81. （　　　　　）应配备 20 副安全围栏。

A.500（750）kV 变电站

B.220（330）kV 变电站

C.110（66）kV 变电站

D.35kV 变电站

答案：BCD　见《国家电网有限公司电力安全工器具管理规定》[国网（安监 /4）289-2022]附录 4

82. （　　　　　）应配备 8 双辅助型绝缘手套。

A.1000kV 变电站

B.±800kV 及以上换流站

C.500（750）kV 变电站

D.220（330）kV 变电站

答案：AB　见《国家电网有限公司电力安全工器具管理规定》[国网（安监 /4）289-2022]附录 4

83. （　　　　　）应配备 2 双辅助型绝缘手套。

A.500（750）kV 变电站

B.220（330）kV 变电站

C.110（66）kV 变电站

D.35kV 变电站

答案：CD　见《国家电网有限公司电力安全工器具管理规定》[国网（安监 /4）289-2022]附录 4

84.（　　　　）应配备 8 双辅助型绝缘靴。

A.1000kV 变电站

B.±800kV 及以上换流站

C.500（750）kV 变电站

D.220（330）kV 变电站

答案：AB　见《国家电网有限公司电力安全工器具管理规定》[国网（安监 /4）289-2022] 附录 4

85.（　　　　）应配备 2 双辅助型绝缘靴。

A.500（750）kV 变电站

B.220（330）kV 变电站

C.110（66）kV 变电站

D.35kV 变电站

答案：CD　见《国家电网有限公司电力安全工器具管理规定》[国网（安监 /4）289-2022] 附录 4

86.（　　　　）按照不同电压等级分别配置 2 支电容型验电器。

A.500（750）kV 变电站

B.220（330）kV 变电站

C.110（66）kV 变电站

D.35kV 变电站

答案：ABCD　见《国家电网有限公司电力安全工器具管理规定》[国网（安监 /4）289-2022] 附录 4

87.（　　　　）应配备 2 组接地线。

A.110（66）kV 变电站 110kV 电压等级

B.110（66）kV 变电站 35kV 电压等级

C.110（66）kV 变电站 10kV 电压等级

D.110（66）kV 变电站 0.4kV 电压等级

答案：AD　见《国家电网有限公司电力安全工器具管理规定》[国网（安监 /4）289-2022] 附录 4

88. （　　　　　）应配备 2 组接地线。

A.500（750）kV 变电站 500kV 电压等级

B.500（750）kV 变电站 220kV 电压等级

C.500（750）kV 变电站 35kV 电压等级

D.500（750）kV 变电站 0.4kV 电压等级

答案：ABD 见《国家电网有限公司电力安全工器具管理规定》[国网（安监/4）289-2022] 附录 4

89. 根据不同电压等级（　　　　　）应分别配备 2 组接地线。

A.500（750）kV 变电站 500kV 电压等级

B.500（750）kV 变电站 220kV 电压等级

C.500（750）kV 变电站 35（66）kV 电压等级

D.500（750）kV 变电站 0.4kV 电压等级

答案：ABD 见《国家电网有限公司电力安全工器具管理规定》[国网（安监/4）289-2022] 附录 4

90. （　　　　　）应配备登高梯具 2 架。

A.220（330）kV 变电站 　　　　　　　　B.110（66）kV 变电站

C.35kV 变电站 　　　　　　　　　　　　D.1000kV 变电站

答案：ABC 见《国家电网有限公司电力安全工器具管理规定》[国网（安监/4）289-2022] 附录 4

91.500（750）kV 变电站应配置（　　　　　）kV 电容型验电器各 2 支。

A.500　　　　　　B.200　　　　　　C.35　　　　　　D.0.4

答案：ABCD 见《国家电网有限公司电力安全工器具管理规定》[国网（安监/4）289-2022] 附录 4

92. （　　　　　）应配备自吸过滤式防毒面具 2 套。

A.500（750）kV 变电站 　　　　　　　　B.220（330）kV 变电站

C.110（66）kV 变电站 　　　　　　　　　D.35kV 变电站

答案：ABCD 见《国家电网有限公司电力安全工器具管理规定》[国网（安监/4）289-2022] 附录 4

93. （　　　　）应配备"从此进出"标示牌 10 块。

A.500（750）kV 变电站

B.220（330）kV 变电站

C.110（66）kV 变电站

D.35kV 变电站

答案：BCD 见《国家电网有限公司电力安全工器具管理规定》[国网（安监 /4）289 2022] 附录 4

94. （　　　　）应配备 SF$_6$ 气体检漏仪 1 副。

A.1000kV 变电站

B.±800kV 及以上换流站

C.500（750）kV 变电站

D.220（330）kV 变电站

答案：ABC 见《国家电网有限公司电力安全工器具管理规定》[国网（安监 /4）289-2022] 附录 4

95. （　　　　）应配备 SF$_6$ 气体检漏仪 1 副。

A.500（750）kV 变电站

B.220（330）kV 变电站

C.1000kV 变电站

D.35kV 变电站

答案：AC 见《国家电网有限公司电力安全工器具管理规定》[国网（安监 /4）289-2022] 附录 4

96. （　　　　）应配备"禁止合闸，有人工作!"安全警告牌 20 块。

A.500（750）kV 变电站

B.220（330）kV 变电站

C.110（66）kV 变电站

D.35kV 变电站

答案：BCD 见《国家电网有限公司电力安全工器具管理规定》[国网（安监 /4）289-2022] 附录 4

97.（ ）应配备安全帽5顶。

A.500（750）kV 变电站

B.220（330）kV 变电站

C.110（66）kV 变电站

D.35kV 变电站

答案：BCD 见《国家电网有限公司电力安全工器具管理规定》[国网（安监/4）289-2022]附录4

98.（ ）应配备"禁止分闸！"安全警告牌10块。

A.1000kV 变电站

B.±800kV 及以上换流站

C.110（66）kV 变电站

D.35kV 变电站

答案：ABCD 见《国家电网有限公司电力安全工器具管理规定》[国网（安监/4）289-2022]附录4

99.（ ）应配备"禁止攀登，高压危险！"安全警告牌20块。

A.500（750）kV 变电站

B.220（330）kV 变电站

C.110（66）kV 变电站

D.35kV 变电站

答案：BCD 见《国家电网有限公司电力安全工器具管理规定》[国网（安监/4）289-2022]附录4

100.（ ）应配备"止步，高压危险！"安全警告牌60块。

A.1000kV 变电站

B.±800kV 及以上换流站

C.500（750）kV 变电站

D.220（330）kV 变电站

答案：AD 见《国家电网有限公司电力安全工器具管理规定》[国网（安监/4）289-2022]附录4

101. （　　　　　）应配备"在此工作！"标示牌60块。

A.1000kV 变电站

B.±800kV 及以上换流站

C.500（750）kV 变电站

D.220（330）kV 变电站

答案：ABC 见《国家电网有限公司电力安全工器具管理规定》［国网（安监 /4）289-2022］附录 4

102. （　　　　　）应配备"在此工作！"标示牌20块。

A.500（750）kV 变电站

B.220（330）kV 变电站

C.110（66）kV 变电站

D.35kV 变电站

答案：BCD 见《国家电网有限公司电力安全工器具管理规定》［国网（安监 /4）289-2022］附录 4

103. （　　　　　）应配备"禁止合闸，线路有人工作！"安全警告牌20块。

A.500（750）kV 变电站

B.220（330）kV 变电站

C.110（66）kV 变电站

D.35kV 变电站

答案：BC 见《国家电网有限公司电力安全工器具管理规定》［国网（安监 /4）289-2022］附录 4

104. （　　　　　）应配备"从此进出！"标示牌10块。

A.1000kV 变电站

B.±800kV 及以上换流站

C.110（66）kV 变电站

D.35kV 变电站

答案：CD 见《国家电网有限公司电力安全工器具管理规定》［国网（安监 /4）289-2022］附录 4

105.（　　　　　）应配备"从此上下！"标示牌10块。

A.500（750）kV 变电站

B.220（330）kV 变电站

C.110（66）kV 变电站

D.35kV 变电站

答案：BCD　见《国家电网有限公司电力安全工器具管理规定》[国网（安监 /4）289-2022] 附录 4

106.（　　　　　）应配备红布幔20块。

A.220（330）kV 变电站

B.110（66）kV 变电站

C.35kV 变电站

D.1000kV 变电站

答案：ABC　见《国家电网有限公司电力安全工器具管理规定》[国网（安监 /4）289-2022] 附录 4

107.（　　　　　）应配备安全带2副。

A.1000kV 变电站

B.±800kV 及以上换流站

C.500（750）kV 变电站

D.220（330）kV 变电站

答案：ABC　见《国家电网有限公司电力安全工器具管理规定》[国网（安监 /4）289-2022] 附录 4

108.（　　　　　）应配备安全围栏20副。

A.500（750）kV 变电站

B.220（330）kV 变电站

C.110（66）kV 变电站

D.35kV 变电站

答案：BCD　见《国家电网有限公司电力安全工器具管理规定》[国网（安监 /4）289-2022] 附录 4

109. （   ）应配备安全围栏 40 副。

A.1000kV 变电站

B.±800kV 换流站

C.500（750）kV 变电站

D.220（330）kV 变电站

答案：ABC 见《国家电网有限公司电力安全工器具管理规定》［国网（安监/4）289-2022］附录4

110. （   ）应配备"有限空间警示"安全警告牌 2 块。

A.500（750）kV 变电站

B.220（330）kV 变电站

C.110（66）kV 变电站

D.35kV 变电站

答案：BCD 见《国家电网有限公司电力安全工器具管理规定》［国网（安监/4）289-2022］附录4

111. （   ）室内 GIS 站应配备 SF$_6$ 防护服 2 副。

A.500（750）kV 变电站

B.220（330）kV 变电站

C.110（66）kV 变电站

D.35kV 变电站

答案：ABCD 见《国家电网有限公司电力安全工器具管理规定》［国网（安监/4）289-2022］附录4

112. （   ）应配备辅助型绝缘垫 2 块。

A.500（750）kV 变电站

B.220（330）kV 变电站

C.110（66）kV 变电站

D.35kV 变电站

答案：ABCD 见《国家电网有限公司电力安全工器具管理规定》［国网（安监/4）289-2022］附录4

113. 安全工器具应分为（　　　　）检查。

A. 出厂验收检查　　　　　　　　　　B. 试验检验检查

C. 使用前检查　　　　　　　　　　　D. 使用后检查

答案：ABC　见《国家电网有限公司电力安全工器具管理规定》[国网（安监 /4）289-2022]附录 6

114. 安全工器具使用前应检查（　　　　）。

A. 出厂日期　　　　B. 合格证　　　　C. 外观　　　　D. 试验项目

答案：BC　见《国家电网有限公司电力安全工器具管理规定》[国网（安监 /4）289-2022]附录 6

115. 安全帽的帽衬由（　　　　）组成。

A. 帽箍　　　　　B. 吸汗带　　　　C. 缓冲垫　　　　D. 衬带

答案：ABCD　见《国家电网有限公司电力安全工器具管理规定》[国网（安监 /4）289-2022]附录 6

116. 应检查防护眼镜（　　　　），以免影响工作人员的视线。

A. 表面光滑　　　B. 无气泡　　　　C. 无褪色　　　　D. 无杂质

答案：ABD　见《国家电网有限公司电力安全工器具管理规定》[国网（安监 /4）289-2022]附录 6

117. 防护眼镜的选择要正确。使用前要根据（　　　　）选择相应的防护眼镜。

A. 工作人员　　　B. 工作性质　　　C. 工作时间　　　D. 工作场合

答案：BD　见《国家电网有限公司电力安全工器具管理规定》[国网（安监 /4）289-2022]附录 6

118. 自吸过滤式防毒面具使用前应检查面具的（　　　　），面罩密合框应与佩戴者颜面密合，无明显压痛感。

A. 完整性　　　　B. 使用性　　　　C. 气密性　　　　D. 安全性

答案：AC　见《国家电网有限公司电力安全工器具管理规定》[国网（安监 /4）289-2022]附录 6

119. 自吸过滤式防毒面具在使用中应注意（　　　　　　）。

A. 标识是否清晰　　　　　　　　　B. 有无泄漏

C. 滤毒罐失效　　　　　　　　　　D. 镜片是否结雾

答案：BC　见《国家电网有限公司电力安全工器具管理规定》[国网（安监 /4）289-2022] 附录 6

120. 检查正压式消防空气呼吸器面具的（　　　　　　），面罩密合框应与佩戴者颜面密合，无明显压痛感。

A. 使用性　　　　B. 完整性　　　　C. 气密性　　　　D. 安全性

答案：BC　见《国家电网有限公司电力安全工器具管理规定》[国网（安监 /4）289-2022] 附录 6

121. 应检查安全带（　　　　　　）等标识清晰完整，各部件完整无缺失、无伤残破损（　　　　　　）。

A. 商标　　　　B. 合格证　　　　C. 编号　　　　D. 检验证

答案：ABD　见《国家电网有限公司电力安全工器具管理规定》[国网（安监 /4）289-2022] 附录 6

122. 应检查安全带（　　　　　　）等带体无灼伤、脆裂及霉变，表面不应有明显磨损及切口。

A. 腰带　　　　B. 围杆带　　　　C. 肩带　　　　D. 腿带

答案：ABCD　见《国家电网有限公司电力安全工器具管理规定》[国网（安监 /4）289-2022] 附录 6

123. 围杆绳、安全绳（　　　　　　），各股松紧一致，绳子应无扭结。

A. 无灼伤　　　　B. 无脆裂　　　　C. 无断股　　　　D. 无霉变

答案：ABCD　见《国家电网有限公司电力安全工器具管理规定》[国网（安监 /4）289-2022] 附录 6

124. 安全带织带折头连接应使用缝线，不应使用（　　　　　　）等工艺。

A. 压接　　　　B. 铆钉　　　　C. 胶粘　　　　D. 热合

答案：BCD　见《国家电网有限公司电力安全工器具管理规定》[国网（安监 /4）289-2022] 附录 6

125. 安全带金属配件表面光洁（　　　　　），配件边缘应呈圆弧形。

A. 无裂纹　　　　　　　　　　　B. 无严重锈蚀

C. 无目测可见的变形　　　　　　D. 无开口

答案：ABC　见《国家电网有限公司电力安全工器具管理规定》[国网（安监 /4）289-2022]附录 6

126. 在坝顶、陡坡、（　　　　　）以及其他危险的边沿进行工作，临空一面应装设安全网或防护栏杆，否则，作业人员应使用安全带。

A. 屋顶　　　　B. 悬崖　　　　C. 杆塔　　　　D. 吊桥

答案：ABCD　见《国家电网有限公司电力安全工器具管理规定》[国网（安监 /4）289-2022]附录 6

127. 安全绳的产品作业类别有（　　　　　）。

A. 围杆作业　　B. 区域限制　　C. 物件固定　　D. 坠落悬挂

答案：ABD　见《国家电网有限公司电力安全工器具管理规定》[国网（安监 /4）289-2022]附录 6

128. 安全绳应光滑、干燥，无（　　　　　）灼伤、缺口等缺陷。

A. 霉变　　　　B. 开裂　　　　C. 断股　　　　D. 磨损

答案：ACD　见《国家电网有限公司电力安全工器具管理规定》[国网（安监 /4）289-2022]附录 6

129. 安全绳所有部件应顺滑，（　　　　　）。

A. 无材料缺陷　　　　　　　　　B. 无制造缺陷

C. 无尖角　　　　　　　　　　　D. 无锋利边缘

答案：ABCD　见《国家电网有限公司电力安全工器具管理规定》[国网（安监 /4）289-2022]附录 6

130. 钢丝绳式安全绳的钢丝应捻制均匀（　　　　　）。

A. 加锁边线　　　　　　　　　　B. 紧密

C. 不松散　　　　　　　　　　　D. 中间无接头

答案：BCD　见《国家电网有限公司电力安全工器具管理规定》[国网（安监 /4）289-2022]附录 6

131. 链式安全绳的（　　　　）各环间转动灵活，链条形状一致。

A. 上端环　　　　　　　　　　B. 下端环

C. 连接环　　　　　　　　　　D. 中间环

答案：BCD 见《国家电网有限公司电力安全工器具管理规定》[国网（安监/4）289-2022]附录6

132. 连接器的（　　　　）等永久标识清晰完整。

A. 类型

B. 制造商标识

C. 工作受力方向强度（用 kN 表示）

D. 产品作业类别

答案：ABC 见《国家电网有限公司电力安全工器具管理规定》[国网（安监/4）289-2022]附录6

133. 连接器表面光滑，（　　　　），无活门失效等现象。

A. 无裂纹　　　　　　　　　　B. 无褶皱

C. 边缘圆滑无毛刺　　　　　　D. 无永久性变形

答案：ABCD 见《国家电网有限公司电力安全工器具管理规定》[国网（安监/4）289-2022]附录6

134. 速差自控器的各部件完整无缺失、无伤残破损，外观应平滑，（　　　　）。

A. 无材料缺陷　　　　　　　　B. 无制造缺陷

C. 无毛刺　　　　　　　　　　D. 无锋利边缘

答案：ABCD 见《国家电网有限公司电力安全工器具管理规定》[国网（安监/4）289-2022]附录6

135. 钢丝绳速差器的钢丝应均匀绞合紧密，不得有（　　　　）、锈蚀及错乱交叉的钢丝。

A. 叠痕　　　B. 突起　　　C. 折断　　　D. 压伤

答案：ABCD 见《国家电网有限公司电力安全工器具管理规定》[国网（安监/4）289-2022]附录6

136. 织带速差器的织带表面、边缘、软环处应（　　　　　）等损伤，缝合部位无崩裂现象。

A. 无擦破 　　　　　B. 无切口 　　　　　C. 无叠痕 　　　　　D. 无灼烧

答案：ABD 见《国家电网有限公司电力安全工器具管理规定》[国网（安监/4）289-2022] 附录6

137. 使用时应认真查看速差自控器的（　　　　　）。

A. 警示标志

B. 防护范围

C. 悬挂要求

D. 工作受力方向

答案：BC 见《国家电网有限公司电力安全工器具管理规定》[国网（安监/4）289-2022] 附录6

138. 检查导轨自锁器的（　　　　　）、生产单位名称、生产日期及有效期限、正确使用方向的标志、最大允许连接绳长度等永久标识清晰完整。

A. 产品合格标志

B. 产品标准号

C. 产品名称

D. 产品型号规格

答案：ABCD 见《国家电网有限公司电力安全工器具管理规定》[国网（安监/4）289-2022] 附录6

139. 导轨自锁器的本体为金属材料时，无（　　　　　）等缺陷。

A. 卡阻 　　　　　B. 裂纹 　　　　　C. 变形 　　　　　D. 锈蚀

答案：BCD 见《国家电网有限公司电力安全工器具管理规定》[国网（安监/4）289-2022] 附录6

140. 导轨自锁器金属表面镀层应均匀、光亮，不允许有（　　　　　）等缺陷。

A. 起皮 　　　　　B. 断裂 　　　　　C. 变形 　　　　　D. 变色

答案：AD 见《国家电网有限公司电力安全工器具管理规定》[国网（安监/4）289-2022] 附录6

141. 导轨自锁器的本体为工程塑料时，表面应无（　　　　）等缺陷。

A. 起皮　　　　　　B. 气泡　　　　　　C. 开裂　　　　　　D. 变色

答案：BC　见《国家电网有限公司电力安全工器具管理规定》[国网（安监/4）289-2022]附录6

142. 缓冲器的产品类型有（　　　　）。

A. Ⅰ型　　　　　　B. Ⅱ型　　　　　　C. Ⅲ型　　　　　　D. Ⅳ型

答案：AB　见《国家电网有限公司电力安全工器具管理规定》[国网（安监/4）289-2022]附录6

143. 缓冲器所有部件应平滑，（　　　　）。

A. 无材料缺陷　　　　　　　　　B. 无制造缺陷

C. 无尖角　　　　　　　　　　　D. 无锋利边缘

答案：ABCD　见《国家电网有限公司电力安全工器具管理规定》[国网（安监/4）289-2022]附录6

144. 使用时应认真查看缓冲器（　　　　）。

A. 防护要求　　　　B. 防护范围　　　　C. 防护等级　　　　D. 防护措施

答案：BC　见《国家电网有限公司电力安全工器具管理规定》[国网（安监/4）289-2022]附录6

145. 安全网的（　　　　）筋绳无灼伤、断纱、破洞、变形及有碍使用的编织缺陷。

A. 网体　　　　　　B. 边绳　　　　　　C. 绑绳　　　　　　D. 系绳

答案：ABD　见《国家电网有限公司电力安全工器具管理规定》[国网（安监/4）289-2022]附录6

146. 平网下方的安全区域内不应堆放物品，平网上方有人工作时，（　　　　）不应进入此区域。

A. 人员　　　　　　B. 车辆　　　　　　C. 机械　　　　　　D. 工器具

答案：ABC　见《国家电网有限公司电力安全工器具管理规定》[国网（安监/4）289-2022]附录6

147. 防电弧服只能对（　　　　　）以外的身体部位进行适当保护。

A. 头部　　　　　　B. 手部　　　　　　C. 腿部　　　　　　D. 脚部

答案：ABD　见《国家电网有限公司电力安全工器具管理规定》[国网（安监 /4）289-2022] 附录 6

148. 在易发生电弧危害的环境中，防电弧服必须和其他防电弧设备一起使用，如（　　　　　）等设备。

A. 防护眼镜　　　B. 防电弧头罩　　　C. 绝缘鞋　　　D. 安全帽

答案：BC　见《国家电网有限公司电力安全工器具管理规定》[国网（安监 /4）289-2022] 附录 6

149. 透气型耐酸服用于（　　　　　）酸污染场所的防护。

A. 轻度　　　　　　B. 中度　　　　　　C. 严重　　　　　　D. 特严重

答案：AB　见《国家电网有限公司电力安全工器具管理规定》[国网（安监 /4）289-2022] 附录 6

150. SF_6 整套防护服包括（　　　　　）和工作鞋。

A. 连体防护服

B. SF_6 专用防毒面具

C. SF_6 专用滤毒缸

D. 工作手套

答案：ABCD　见《国家电网有限公司电力安全工器具管理规定》[国网（安监 /4）289-2022] 附录 6

151. SF_6 防护服整套服装的缺陷有（　　　　　）。

A. 明显孔洞

B. 防毒面具的呼气活门片损坏

C. 裂缝

D. 表面有气泡

答案：ABC　见《国家电网有限公司电力安全工器具管理规定》[国网（安监 /4）289-2022] 附录 6

152. 使用 SF$_6$ 防护服的人员应进行身体检查, 尤其是 (　　　　) 和检查, 功能不正常者不应使用。

A. 眼睛　　　　　B. 心脏　　　　　C. 肺功能　　　　　D. 肝功能

答案: BC　见《国家电网有限公司电力安全工器具管理规定》［国网（安监 /4）289-2022］附录 6

153. 屏蔽服装的整套服装, 包括 (　　　　) 帽子和鞋子。

A. 上衣　　　　　B. 裤子　　　　　C. 手套　　　　　D. 袜子

答案: ABCD　见《国家电网有限公司电力安全工器具管理规定》［国网（安监 /4）289-2022］附录 6

154. 屏蔽服装的 (　　　　) 之间应有两个连接头。

A. 上衣　　　　　B. 袜子　　　　　C. 裤子　　　　　D. 帽子

答案: ACD　见《国家电网有限公司电力安全工器具管理规定》［国网（安监 /4）289-2022］附录 6

155. 严禁通过屏蔽服装 (　　　　), 及空载线路和耦合电容器的电容电流。

A. 接通相间电流　　　　　　　　B. 断开相间电流

C. 接通接地电流　　　　　　　　D. 断开接地电流

答案: CD　见《国家电网有限公司电力安全工器具管理规定》［国网（安监 /4）289-2022］附录 6

156. 耐酸手套标识清晰完整, (　　　　) 和无破损等缺陷。

A. 无喷霜　　　　　B. 无锈蚀　　　　　C. 无发脆　　　　　D. 无发黏

答案: ACD　见《国家电网有限公司电力安全工器具管理规定》［国网（安监 /4）289-2022］附录 6

157. 耐酸手套使用时应防止与 (　　　　) 接触。

A. 汽油　　　　　　　　　　　　B. 机油

C. 润滑油　　　　　　　　　　　D. 各种有机溶剂

答案: ABCD　见《国家电网有限公司电力安全工器具管理规定》［国网（安监 /4）289-2022］附录 6

158. 耐酸靴避免与（　　　　　　）接触，以免割破损伤靴面或靴底引起渗漏，影响防护功能。

A. 水　　　　　　　B. 有机溶剂　　　　C. 锐利物　　　　　D. 酸性物质

答案：BC　见《国家电网有限公司电力安全工器具管理规定》[国网（安监 /4）289-2022] 附录 6

159. 导电鞋（防静电鞋）的（　　　　　　）等标识清晰完整。

A. 鞋号　　　　　　B. 制造商名称　　　C. 标准号　　　　　D. 生产日期

答案：ABD　见《国家电网有限公司电力安全工器具管理规定》[国网（安监 /4）289-2022] 附录 6

160. 在 220kV 及以上电压等级的（　　　　　　）作业时，应穿导电鞋（防静电鞋）。

A. 带电线路杆塔上

B. 带电线路上

C. 变电站设备上

D. 变电站构架上

答案：AD　见《国家电网有限公司电力安全工器具管理规定》[国网（安监 /4）289-2022] 附录 6

161. 个人保安线的厂家名称或商标、产品的型号或类别（　　　　　　）等标识要清晰完整。

A. 最大展开长度　　　　　　　　　B. 横截面积（mm²）

C. 双三角　　　　　　　　　　　　D. 生产年份

答案：BCD　见《国家电网有限公司电力安全工器具管理规定》[国网（安监 /4）289-2022] 附录 6

162. 个人保安线的护套应（　　　　　　）、无龟裂等现象。

A. 无孔洞　　　　　　B. 无撞伤　　　　　C. 无擦伤　　　　　D. 无裂缝

答案：ABCD　见《国家电网有限公司电力安全工器具管理规定》[国网（安监 /4）289-2022] 附录 6

163. 个人保安线的导线（　　　　　）和无发黑腐蚀。

A. 无裸露　　　　　B. 无松股　　　　　C. 中间无接头　　　　D. 无断股

答案：ABCD　见《国家电网有限公司电力安全工器具管理规定》[国网（安监 /4）289-2022]附录 6

164. 保安线应采用线鼻与线夹相连接，线鼻与线夹连接牢固，接触良好，（　　　　　）。

A. 无松动　　　　　　　　　　B. 无腐蚀

C. 无气泡　　　　　　　　　　D. 无灼伤痕迹

答案：ABD　见《国家电网有限公司电力安全工器具管理规定》[国网（安监 /4）289-2022]附录 6

165. 工作地段如有邻近、（　　　　　）线路，为防止停电检修线路上感应电压伤人，在需要接触或接近导线工作时，应使用个人保安线。

A. 平行　　　　　　　　　　B. 连接

C. 交叉跨越　　　　　　　　D. 同杆塔架设

答案：ACD　见《国家电网有限公司电力安全工器具管理规定》[国网（安监 /4）289-2022]附录 6

166. SF_6 气体检漏仪外观良好，仪器完整，（　　　　　）等应齐全、清晰。附件齐全。

A. 仪器名称　　　　　　　　B. 型号

C. 制造厂名称　　　　　　　D. 出厂时间及编号

答案：ABCD　见《国家电网有限公司电力安全工器具管理规定》[国网（安监 /4）289-2022]附录 6

167. 含氧量测试仪及有害气体检测仪专门用于（　　　　　）检测，应依据测试仪使用说明书进行操作。

A. 危险环境　　　　　　　　B. 有限空间的含氧量

C. 密闭空间的含氧量　　　　D. 有害气体

答案：ABCD　见《国家电网有限公司电力安全工器具管理规定》[国网（安监 /4）289-2022]附录 6

168. 电容型验电器适用气候类型（　　　　）或 W。

A.C　　　　　　　B.F　　　　　　　C.M　　　　　　D.N

答案：AD　见《国家电网有限公司电力安全工器具管理规定》[国网（安监/4）289-2022] 附录 6

169. 电容型验电器的（　　　　　）生产厂名和商标、出厂编号、生产年份、适用气候类型（C、N 或 W）、检验日期及带电作业用（双三角）符号等标识清晰完整。

A. 额定电流

B. 额定电压或额定电压范围

C. 额定频率（或频率范围）

D. 电阻值

答案：BC　见《国家电网有限公司电力安全工器具管理规定》[国网（安监/4）289-2022] 附录 6

170. 电容型验电器的各部件，包括（　　　　　）、限度标记（在绝缘杆上标注的一种醒目标志，向使用者指明应防止标志以下部分插入带电设备中或接触带电体）和接触电极、指示器和绝缘杆等均应无明显损伤。

A. 手柄　　　　　　B. 护手环　　　　　　C. 绝缘元件　　　　D. 电阻元件

答案：ABC　见《国家电网有限公司电力安全工器具管理规定》[国网（安监/4）289-2022] 附录 6

171. 电容型验电器的绝缘杆应清洁、光滑，绝缘部分应无（　　　　　）、硬伤、绝缘层脱落、严重的机械或电灼伤痕。

A. 气泡　　　　　　B. 皱纹　　　　　　C. 裂纹　　　　　　D. 划痕

答案：ABCD　见《国家电网有限公司电力安全工器具管理规定》[国网（安监/4）289-2022] 附录 6

172. 非雨雪型电容型验电器不得在（　　　　　）等恶劣天气时使用。

A. 风　　　　　　　B. 雷　　　　　　　C. 雨　　　　　　　D. 雪

答案：BCD　见《国家电网有限公司电力安全工器具管理规定》[国网（安监/4）289-2022] 附录 6

173. 检查携带型短路接地线的（　　　　　　）等标识清晰完整。

A. 厂家名称或商标

B. 产品的型号或类别

C. 接地线横截面积（mm^2）

D. 生产年份及带电作业用（双三角）符号

答案：ABCD　见《国家电网有限公司电力安全工器具管理规定》[国网（安监/4）289 2022]附录6

174. 携带型短路接地线的线夹完整、无损坏，与操作杆连接牢固，有防止（　　　　　　）的措施。

A. 松动　　　　　B. 滑动　　　　　C. 晃动　　　　　D. 转动

答案：ABD　见《国家电网有限公司电力安全工器具管理规定》[国网（安监/4）289-2022]附录6

175. 设备检修时模拟盘上所挂接地线的（　　　　），应与工作票和操作票所列内容一致，与现场所装设的接地线一致。

A. 数量　　　　　　　　　　　B. 位置

C. 接地线编号　　　　　　　　D. 接地线型号

答案：ABC　见《国家电网有限公司电力安全工器具管理规定》[国网（安监/4）289-2022]附录6

176. 绝缘杆的（　　　　　　）及带电作业用（双三角）符号等标识清晰完整。

A. 型号规格　　　B. 制造厂名　　　C. 制造日期　　　D. 电压等级

答案：ABCD　见《国家电网有限公司电力安全工器具管理规定》[国网（安监/4）289-2022]附录6

177. 绝缘杆的接头不管是固定式的还是拆卸式的，连接都应（　　　　　　）等现象。

A. 紧密牢固　　　　　　　　　B. 无空洞

C. 无松动　　　　　　　　　　D. 无锈蚀和断裂

答案：ACD　见《国家电网有限公司电力安全工器具管理规定》[国网（安监/4）289-2022]附录6

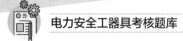

178. 核相器能使用的等级是（　　　　　　）或 D。

A. F B. C C. B D. A

答案：BCD 见《国家电网有限公司电力安全工器具管理规定》[国网（安监/4）289-2022]附录6

179. 核相器适应的气候类别是（　　　　　　）或 W。

A. A B. B C. C D. N

答案：CD 见《国家电网有限公司电力安全工器具管理规定》[国网（安监/4）289-2022]附录6

180. 核相器的各部件，包括手柄、手护环、绝缘元件、电阻元件、限位标记和接触电极、指示器（　　　　　　）和绝缘杆等均应无明显损伤。

A. 连接引线 B. 接地引线 C. 转换器 D. 转接器

答案：ABD 见《国家电网有限公司电力安全工器具管理规定》[国网（安监/4）289-2022]附录6

181. 绝缘遮蔽罩内外表面不应存在破坏其均匀性、损坏表面光滑轮廓的缺陷，如（　　　　　　）、夹杂导电异物、折缝、空隙及凹凸波纹等。

A. 小孔 B. 裂缝 C. 局部隆起 D. 切口

答案：ABCD 见《国家电网有限公司电力安全工器具管理规定》[国网（安监/4）289-2022]附录6

182. 绝缘遮蔽罩的（　　　　　　）等用于安装的配件应无破损，闭锁部件应开闭灵活，闭锁可靠。

A. 提环 B. 孔眼 C. 挂点 D. 挂钩

答案：ABD 见《国家电网有限公司电力安全工器具管理规定》[国网（安监/4）289-2022]附录6

183. 检查绝缘隔板无老化、（　　　　　　）。

A. 锈蚀 B. 裂纹 C. 孔隙 D. 变形

答案：BC 见《国家电网有限公司电力安全工器具管理规定》[国网（安监/4）289-2022]附录6

184. 检查绝缘夹钳的（　　　　　　）、电压等级等标识清晰完整。

A. 型号规格　　　　　　　　　　B. 制造厂名

C. 制造日期　　　　　　　　　　D. 产品类型

答案：ABC 见《国家电网有限公司电力安全工器具管理规定》[国网（安监 /4）289-2022]附录 6

185. 绝缘夹钳的绝缘部分应无（　　　　　　）、严重的机械或申灼伤痕。

A. 气泡　　　　　　　　　　　　B. 皱纹

C. 裂纹　　　　　　　　　　　　D. 绝缘层脱落

答案：ABCD 见《国家电网有限公司电力安全工器具管理规定》[国网（安监 /4）289-2022]附录 6

186. 绝缘夹钳的手握部分护套与绝缘部分（　　　　　　），不产生相对滑动或转动。

A. 连接紧密　　　B. 无破损　　　C. 无孔洞　　　D. 无龟裂

答案：AB 见《国家电网有限公司电力安全工器具管理规定》[国网（安监 /4）289-2022]附录 6

187. 使用绝缘夹钳操作时，应穿戴（　　　　　　）或站在绝缘台（垫）上，精神集中，保持身体平衡。

A. 护目眼镜　　　B. 屏蔽服装　　　C. 绝缘手套　　　D. 绝缘鞋

答案：ACD 见《国家电网有限公司电力安全工器具管理规定》[国网（安监 /4）289-2022]附录 6

188. 绝缘夹钳严禁装接地线，以免接地线在空中摆动触碰带电部分造成（　　　　　　）事故。

A. 跳闸　　　　　B. 接地　　　　　C. 短路　　　　　D. 触电

答案：BCD 见《国家电网有限公司电力安全工器具管理规定》[国网（安监 /4）289-2022]附录 6

189. 带电作业用安全帽的（　　　　　　）及带电作业用（双三角）符号等永久性标识清晰完整，其他要求同安全帽。

A. 产品名称　　　B. 制造厂名　　　C. 型号及种类　　　D. 生产日期

答案：ABD 见《国家电网有限公司电力安全工器具管理规定》[国网（安监/4）289-2022]附录6

190.绝缘服装内、外表面均应完好无损、均匀光滑，无小孔、（　　　　）等。

A.无局部隆起　　　　B.无夹杂异物　　　　C.无折缝　　　　D.无空隙

答案：ABCD 见《国家电网有限公司电力安全工器具管理规定》[国网（安监/4）289-2022]附录6

191.检查带电作业用绝缘手套的可适用的种类、（　　　　　　）及带电作业用（双三角）符号等标识清晰完整。

A.尺寸　　　　B.电压等级　　　　C.制造年月　　　　D.机械防护

答案：ABC 见《国家电网有限公司电力安全工器具管理规定》[国网（安监/4）289-2022]附录6

192.带电作业用绝缘手套要尽量避免和机油、油脂、（　　　　）接触。

A.变压器油　　　　B.工业乙醇　　　　C.弱酸　　　　D.强酸

答案：ABD 见《国家电网有限公司电力安全工器具管理规定》[国网（安监/4）289-2022]附录6

193.检查带电作业用绝缘靴（鞋）的鞋号、（　　　　　），制造商名称、产品名称、出厂检验合格印章及带电作业用（双三角）符号等标识清晰完整。

A.种类　　　　　　　　　　　B.生产年月

C.标准号　　　　　　　　　　D.耐电压数值

答案：BCD 见《国家电网有限公司电力安全工器具管理规定》[国网（安监/4）289-2022]附录6

194.绝缘靴应无针孔、（　　　　　），无嵌入导电杂物、无明显的压膜痕迹及合模凹陷等缺陷。

A.无裂纹　　　　B.无砂眼　　　　C.无气泡　　　　D.无切痕

答案：ABCD 见《国家电网有限公司电力安全工器具管理规定》[国网（安监/4）289-2022]附录6

195. 带电作业用绝缘垫的制造厂或商标、（　　　　　）、生产日期及带电作业用（双三角）符号等标识清晰完整。

A. 种类

B. 型号（长度和宽度）

C. 电压级别

D. 额定频率

答案：ABC　见《国家电网有限公司电力安全工器具管理规定》[国网（安监 /4）289-2022] 附录 6

196. 带电作业用绝缘硬梯的名称、（　　　　　）、制造日期、制造厂名及带电作业用（双三角）符号等标识清晰完整。

A. 电压等级　　　B. 商标　　　　C. 型号　　　　D. 种类

答案：ABC　见《国家电网有限公司电力安全工器具管理规定》[国网（安监 /4）289-2022] 附录 6

197. 带电作业用绝缘硬梯的各部件应完整光滑，（　　　　　）、无损伤，玻璃纤维布与树脂间黏接完好不得开胶，杆段间连接牢固无松动，整梯无松散。

A. 无气泡　　　B. 无霉变　　　C. 无皱纹　　　D. 无开裂

答案：ACD　见《国家电网有限公司电力安全工器具管理规定》[国网（安监 /4）289-2022] 附录 6

198. 绝缘托瓶架的商标及型号、（　　　　　）及带电作业用（双三角）符号等标识清晰完整。

A. 标准号　　　B. 制造日期　　　C. 制造厂名　　　D. 电压等级

答案：BCD　见《国家电网有限公司电力安全工器具管理规定》[国网（安监 /4）289-2022] 附录 6

199. 绝缘托瓶架的各部件应完整，表面应光滑平整，绝缘部分（　　　　　）、无绝缘层脱落及严重伤痕。

A. 无气泡　　　　B. 无皱纹　　　　C. 无开裂　　　　D. 无老化

答案：ABCD　见《国家电网有限公司电力安全工器具管理规定》[国网（安监 /4）289-2022] 附录 6

200. 绝缘托瓶架的各部件应完整，杆、段、板间连接牢固，（　　　　）等现象。

A. 无松动　　　　B. 无气泡　　　　C. 无锈蚀　　　　D. 无断裂

答案：ACD　见《国家电网有限公司电力安全工器具管理规定》[国网（安监 /4）289-2022]附录 6

201. 绝缘绳索各股及各股中丝线均不应有叠痕、（　　　　）等缺陷，不得有错乱、交叉的丝、线、股。

A. 凸起　　　　B. 压伤　　　　C. 背股　　　　D. 抽筋

答案：ABCD　见《国家电网有限公司电力安全工器具管理规定》[国网（安监 /4）289-2022]附录 6

202. 经防潮处理后的绝缘绳索表面应（　　　　）等。

A. 无折缝　　　　B. 无油渍　　　　C. 无污迹　　　　D. 无脱皮

答案：BCD　见《国家电网有限公司电力安全工器具管理规定》[国网（安监 /4）289-2022]附录 6

203. 使用时，绝缘绳（绳索类工具）应避免不必要地暴露在高温、阳光下，也要避免和（　　　　）接触。

A. 机油　　　　B. 油脂　　　　C. 变压器油　　　　D. 工业乙醇

答案：ABCD　见《国家电网有限公司电力安全工器具管理规定》[国网（安监 /4）289-2022]附录 6

204. 防潮型绝缘绳（绳索类工具）适用于无（　　　　）的各种气候条件下的带电作业。

A. 雨雪　　　　B. 大风　　　　C. 高温　　　　D. 持续浓雾

答案：AD　见《国家电网有限公司电力安全工器具管理规定》[国网（安监 /4）289-2022]附录 6

205. 可根据绝缘绳使用频度和状况，并考虑到（　　　　）等因素可能造成的老化，确定绝缘绳（绳索类工具）的使用年限。

A. 质量　　　　　　　　　　　B. 电气化学

C. 环境储存　　　　　　　　　D. 受伤

答案：**BC** 见《国家电网有限公司电力安全工器具管理规定》[国网（安监 /4）289-2022]附录 6

206. 绝缘软梯的环形绳与边绳的包箍连接点应（　　　）。

A. 平服　　　　　　B. 紧密匀称　　　　　C. 牢固绑扎　　　　　D. 牢固扣紧

答案：**AD** 见《国家电网有限公司电力安全工器具管理规定》[国网（安监 /4）289-2022]附录 6

207. 绝缘软梯的边绳与环形绳应紧密绞合，不得有（　　　）等缺陷。

A. 锈蚀　　　　　　B. 裂纹　　　　　　C. 松散　　　　　　D. 分股

答案：**CD** 见《国家电网有限公司电力安全工器具管理规定》[国网（安监 /4）289-2022]附录 6

208. 绝缘软梯的绳索各股及各股中丝线无（　　　）、抽筋等缺陷。

A. 叠痕　　　　　　B. 凸起　　　　　　C. 压伤　　　　　　D. 背股

答案：**ABCD** 见《国家电网有限公司电力安全工器具管理规定》[国网（安监 /4）289-2022]附录 6

209. 绝缘软梯的绳索各股及各股中丝线无叠痕、凸起、压伤、背股、抽筋等缺陷，无错乱、交叉的（　　　）。

A. 绳　　　　　　　B. 丝　　　　　　　C. 线　　　　　　　D. 股

答案：**BCD** 见《国家电网有限公司电力安全工器具管理规定》[国网（安监 /4）289-2022]附录 6

210. 绝缘软梯的金属心形环表面光洁，无（　　　）等缺陷。

A. 毛刺　　　　　　B. 疤痕　　　　　　C. 卡阻　　　　　　D. 切纹

答案：**ABD** 见《国家电网有限公司电力安全工器具管理规定》[国网（安监 /4）289-2022]附录 6

211. 绝缘软梯头的主要部件应表面光滑，无尖边、（　　　）等缺陷。

A. 无毛刺　　　　　B. 无缺口　　　　　C. 无裂纹　　　　　D. 无锈蚀

答案：**ABCD** 见《国家电网有限公司电力安全工器具管理规定》[国网（安监 /4）289-2022]附录 6

212. 在导、地线上悬挂软梯进行等电位作业中，应保证带电导线及人体对被（   ）的安全距离。

A. 跨越的电力线路

B. 平行的电力线路

C. 通信线路

D. 其他建筑物

答案：ACD 见《国家电网有限公司电力安全工器具管理规定》[国网（安监/4）289-2022]附录6

213. 带电作业用绝缘滑车的轴、吊钩（环）、梁、侧板等不得有裂纹和显著的变形，滑车的绝缘部分应光滑，（   ）等现象。

A. 无毛刺　　　　B. 无气泡　　　　C. 无皱纹　　　　D. 无开裂

答案：BCD 见《国家电网有限公司电力安全工器具管理规定》[国网（安监/4）289-2022]附录6

214. 带电作业用提线工具的各组成部分表面均匀光滑，（   ）等缺陷。

A. 无尖棱　　　　B. 无断股　　　　C. 无毛刺　　　　D. 无裂纹

答案：ACD 见《国家电网有限公司电力安全工器具管理规定》[国网（安监/4）289-2022]附录6

215. 带电作业用提线工具的金属件完整，（   ）、无严重锈蚀；螺纹螺杆不应有明显磨损。

A. 无裂纹　　　　B. 无气孔　　　　C. 无变形　　　　D. 无霉变

答案：AC 见《国家电网有限公司电力安全工器具管理规定》[国网（安监/4）289-2022]附录6

216. 带电作业用提线工具的绝缘板（棒、管）材应（   ）。

A. 无气孔　　　　B. 无开裂　　　　C. 无缺损　　　　D. 无毛刺

答案：ABC 见《国家电网有限公司电力安全工器具管理规定》[国网（安监/4）289-2022]附录6

217. 带电作业用提线工具的绝缘绳索（　　　　　）等缺陷。

A. 无变形　　　　　B. 无断股　　　　　C. 无霉变　　　　　D. 无脆裂

答案：BCD 　见《国家电网有限公司电力安全工器具管理规定》[国网（安监 /4）289-2022] 附录 6

218. 带电作业用提线工具应根据使用（　　　　　）来选择。

A. 电压等级　　　　　　　　　　B. 型号

C. 载荷条件　　　　　　　　　　D.（双三角）符号

答案：AC 　见《国家电网有限公司电力安全工器具管理规定》[国网（安监 /4）289-2022] 附录 6

219. 辅助型绝缘手套应质地柔软良好，内、外表面均应平滑、完好无损，（　　　　　）。

A. 无划痕　　　　　B. 无裂缝　　　　　C. 无折缝　　　　　D. 无孔洞

答案：ABCD 　见《国家电网有限公司电力安全工器具管理规定》[国网（安监 /4）289-2022] 附录 6

220. 辅助型绝缘手套应根据（　　　　　）来选择。

A. 试验结果　　　　　　　　　　B. 使用电压的高低

C. 不同防护条件　　　　　　　　D. 绝缘等级

答案：BC 　见《国家电网有限公司电力安全工器具管理规定》[国网（安监 /4）289-2022] 附录 6

221. 按照《电力安全工作规程》有关要求进行（　　　　　）等工作时应戴绝缘手套。

A. 设备验电　　　　　　　　　　B. 设备检修

C. 倒闸操作　　　　　　　　　　D. 装拆接地线

答案：ACD 　见《国家电网有限公司电力安全工器具管理规定》[国网（安监 /4）289-2022] 附录 6

222. 辅助型绝缘靴（鞋）应根据（　　　　　）来选择。

A. 使用电压的高低　　　　　　　B. 试验结果

C. 不同防护条件　　　　　　　　D. 绝缘等级

答案：AC　见《国家电网有限公司电力安全工器具管理规定》[国网（安监/4）289-2022]附录6

223. 在潮湿（　　　　　）或易发生危险的场所，尤其应注意配备合适的绝缘靴（鞋），应按标准规定的使用范围正确使用。

A. 有冰冻　　　　B. 有蒸汽　　　　C. 冷凝液体　　　　D. 导电灰尘

答案：BCD　见《国家电网有限公司电力安全工器具管理规定》[国网（安监/4）289-2022]附录6

224. 穿用绝缘靴（鞋）应避免接触（　　　　　）和酸碱油类物质，防止绝缘靴（鞋）受到损伤而影响电绝缘性能。

A. 锐器　　　　B. 安全工具　　　　C. 高温　　　　D. 腐蚀性

答案：ACD　见《国家电网有限公司电力安全工器具管理规定》[国网（安监/4）289-2022]附录6

225. 穿用绝缘靴（鞋）应避免接触锐器、高温、腐蚀性和酸碱油类物质，防止绝缘靴（鞋）受到损伤而影响电绝缘性能。（　　　　　）绝缘靴（鞋）除外。

A. 防冻型　　　　B. 防穿刺型　　　　C. 耐油型　　　　D. 防砸型

答案：BCD　见《国家电网有限公司电力安全工器具管理规定》[国网（安监/4）289-2022]附录6

226. 辅助型绝缘胶垫的（　　　　　）等标识清晰完整。

A. 等级　　　　B. 频率　　　　C. 制造厂名　　　　D. 横截面积

答案：AC　见《国家电网有限公司电力安全工器具管理规定》[国网（安监/4）289-2022]附录6

227. 辅助型绝缘胶垫有害的不规则性是指下列特征之一，即破坏均匀性、损坏表面光滑轮廓的缺陷，如小孔、裂缝、（　　　　　）、空隙、凹凸波纹及铸造标志等。

A. 局部隆起　　　　B. 切口　　　　C. 夹杂导电异物　　　　D. 折缝

答案：ABCD　见《国家电网有限公司电力安全工器具管理规定》[国网（安监/4）289-2022]附录6

228. 操作时，绝缘胶垫应避免不必要地暴露在高温、阳光下，也要尽量避免和机油、（　　　　）以及强酸接触。

A. 油脂　　　　　　B. 变压器油　　　　C. 工业乙醇　　　　D. 碱性物质

答案：ABC 见《国家电网有限公司电力安全工器具管理规定》[国网（安监/4）289-2022]附录6

229. 脚扣的围杆钩在扣体内滑动（　　　　）现象。

A. 灵活　　　　　　B. 可靠　　　　　　C. 无磨损　　　　　D. 无卡阻

答案：ABD 见《国家电网有限公司电力安全工器具管理规定》[国网（安监/4）289-2022]附录6

230. 脚扣的脚带完好，止脱扣良好，（　　　　）。

A. 无折缝　　　　　　　　　　B. 无霉变

C. 无裂缝　　　　　　　　　　D. 无严重变形

答案：BCD 见《国家电网有限公司电力安全工器具管理规定》[国网（安监/4）289-2022]附录6

231. 升降板的标识清晰完整，钩子不得有（　　　　）。

A. 裂纹　　　　　　B. 霉变　　　　　　C. 变形　　　　　　D. 严重锈蚀

答案：ACD 见《国家电网有限公司电力安全工器具管理规定》[国网（安监/4）289-2022]附录6

232. 升降板的心型环完整、下部有插花，绳索（　　　　）。

A. 无断股　　　　　　　　　　B. 无霉变

C. 严重锈蚀　　　　　　　　　D. 无严重磨损

答案：ABD 见《国家电网有限公司电力安全工器具管理规定》[国网（安监/4）289-2022]附录6

233. 登杆前在杆根处对升降板（登高板）进行冲击试验，判断升降板（登高板）是否有（　　　　）。

A. 脱扣　　　　　　B. 变形　　　　　　C. 损伤　　　　　　D. 断裂

答案：BC 见《国家电网有限公司电力安全工器具管理规定》[国网（安监/4）289-2022]附录6

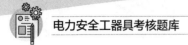

234. 检查延伸式梯子操作用绳（　　　　　）等现象，升降灵活，锁位准确可靠。

　　A. 无断股　　　　　B. 无打结　　　　　C. 无松散　　　　　D. 无分股

　　答案：AB　　见《国家电网有限公司电力安全工器具管理规定》[国网（安监/4）289-2022]附录6

235. 检查竹木梯（　　　　　）等现象。

　　A. 无皱纹　　　　　B. 无油污　　　　　C. 无虫蛀　　　　　D. 无腐蚀

　　答案：CD　　见《国家电网有限公司电力安全工器具管理规定》[国网（安监/4）289-2022]附录6

236. 梯子应能承受作业人员及所携带的（　　　　　）攀登时的总重量。

　　A. 工具　　　　　B. 材料　　　　　C. 设备　　　　　D. 装置

　　答案：AB　　见《国家电网有限公司电力安全工器具管理规定》[国网（安监/4）289-2022]附录6

237. 检查软梯的标志清晰，每股绝缘绳索及每股线均应紧密绞合，不得有（　　　　　）的现象。

　　A. 皱纹　　　　　B. 开裂　　　　　C. 松散　　　　　D. 分股

　　答案：CD　　见《国家电网有限公司电力安全工器具管理规定》[国网（安监/4）289-2022]附录6

238. 软梯的绳索各股及各股中丝线均不应有叠痕（　　　　　）等缺陷，不得有错乱、交叉的丝、线、股。

　　A. 凸起　　　　　B. 压伤　　　　　C. 背股　　　　　D. 抽筋

　　答案：ABCD　　见《国家电网有限公司电力安全工器具管理规定》[国网（安监/4）289-2022]附录6

239. 经防潮处理后的软梯绝缘绳索表面应（　　　　　）等。

　　A. 无叠痕　　　　　B. 无油渍　　　　　C. 无污迹　　　　　D. 无脱皮

　　答案：BCD　　见《国家电网有限公司电力安全工器具管理规定》[国网（安监/4）289-2022]附录6

240. 快装脚手架的复合材料构件表面应光滑，绝缘部分应无
（　　　）、明显的机械或电灼伤痕。

A. 气泡　　　　　　　　　　B. 皱纹

C. 裂纹　　　　　　　　　　D. 绝缘层脱落

答案：ABCD　见《国家电网有限公司电力安全工器具管理规定》[国网
（安监 /4）289-2022] 附录 6

241. 快装脚手架上供操作人员（　　　　　）的所有作业面应具有防滑
功能。

A. 移动　　　　B. 站立　　　　C. 行走　　　　D. 攀登

答案：BD　见《国家电网有限公司电力安全工器具管理规定》[国网（安
监 /4）289-2022] 附录 6

242. 当脚手架已经调平且所有脚轮和调节腿已经固定，（　　　　）已钩
好，才能爬上脚手架。

A. 爬梯　　　　B. 外支撑杆　　　C. 平台板　　　D. 开口板

答案：ACD　见《国家电网有限公司电力安全工器具管理规定》[国网
（安监 /4）289-2022] 附录 6

243. 所有操作人员在（　　　　）脚手架时，须戴安全帽，系好安全带。

A. 运输　　　　B. 搭建　　　　C. 拆卸　　　　D. 使用

答案：BCD　见《国家电网有限公司电力安全工器具管理规定》[国网
（安监 /4）289-2022] 附录 6

244. 拆卸型检修平台的复合材料构件表面应光滑，绝缘部分应无
（　　　　）绝缘层脱落、明显的机械或电灼伤痕，玻璃纤维布（毡、丝）与
树脂间黏接完好，不得开胶。

A. 气泡　　　　B. 皱纹　　　　C. 变形　　　　D. 裂纹

答案：ABD　见《国家电网有限公司电力安全工器具管理规定》[国网
（安监 /4）289-2022] 附录 6

245. 检修平台供操作人员（　　　　）的所有作业面应具有防滑功能。

A. 移动　　　　B. 行走　　　　C. 站立　　　　D. 攀登

答案：CD 见《国家电网有限公司电力安全工器具管理规定》[国网（安监/4）289-2022]附录6

246. 升降型检修平台的起升降作用的牵引绳索（宜采用非导电材料）应无灼伤、（　　　　）。

A. 无脆裂　　　　　　B. 无断股　　　　C. 无霉变　　　　　D. 无扭结

答案：ABCD 见《国家电网有限公司电力安全工器具管理规定》[国网（安监/4）289-2022]附录6

247. 出工前、收工后应在安全工器具领出、收回记录中详细记录检修平台编号、（　　　　）、检查是否完好等内容。

A. 领出时间　　　　　　　　　　B. 收回时间

C. 使用场所　　　　　　　　　　D. 使用者姓名

答案：ABD 见《国家电网有限公司电力安全工器具管理规定》[国网（安监/4）289-2022]附录6

248. 橡胶塑料类安全工器具应存放在（　　　　）的环境下。

A. 干净　　　　　B. 干燥　　　　　C. 通风　　　　D. 避光

答案：BCD 见《国家电网有限公司电力安全工器具管理规定》[国网（安监/4）289-2022]附录7

249. 橡胶塑料类安全工器具应避免阳光、灯光或其他光源直射，避免雨雪浸淋，防止（　　　　）。

A. 挤压　　　　　　　　　　　　B. 堆放

C. 折叠　　　　　　　　　　　　D. 尖锐物体碰撞

答案：ACD 见《国家电网有限公司电力安全工器具管理规定》[国网（安监/4）289-2022]附录7

250. 橡胶塑料类安全工器具严禁与（　　　　）或其他腐蚀性物品存放在一起。

A. 油　　　　　B. 酸　　　　　C. 碱　　　　　D. 盐

答案：ABC 见《国家电网有限公司电力安全工器具管理规定》[国网（安监/4）289-2022]附录7

251. 防毒面具应存放在干燥、通风，（　　　　　）等物质的库房内，严禁重压。

A. 无油　　　　　B. 无酸　　　　　C. 无碱　　　　　D. 无溶剂

答案：BCD　见《国家电网有限公司电力安全工器具管理规定》[国网（安监/4）289-2022]附录7

252. 空气呼吸器在贮存时应装入包装箱内，避免长时间曝晒，不能与（　　　　　）或其他有害物质共同贮存，严禁重压。

A. 油　　　　　B. 盐　　　　　C. 酸　　　　　D. 碱

答案：ACD　见《国家电网有限公司电力安全工器具管理规定》[国网（安监/4）289-2022]附录7

253. 防电弧服贮存前必须（　　　　　）。

A. 清扫　　　　　B. 洗净　　　　　C. 晾干　　　　　D. 熨烫

答案：BC　见《国家电网有限公司电力安全工器具管理规定》[国网（安监/4）289-2022]附录7

254. 防电弧服长时间保存时，应注意定期晾晒，以免（　　　　　）。

A. 霉变　　　　　B. 腐烂　　　　　C. 虫蛀　　　　　D. 滋生细菌

答案：ACD　见《国家电网有限公司电力安全工器具管理规定》[国网（安监/4）289-2022]附录7

255. 绝缘手套使用后应（　　　　　），保持干燥、清洁，最好洒上滑石粉以防粘连。

A. 擦净　　　　　B. 洗净　　　　　C. 晾干　　　　　D. 熨烫

答案：AC　见《国家电网有限公司电力安全工器具管理规定》[国网（安监/4）289-2022]附录7

256. 绝缘手套应存放在（　　　　　）的专用柜内，与其他工具分开放置。

A. 恒温　　　　　B. 无尘　　　　　C. 干燥　　　　　D. 阴凉

答案：CD　见《国家电网有限公司电力安全工器具管理规定》[国网（安监/4）289-2022]附录7

257. 绝缘手套不允许放在（　　　　　）和有酸、碱、药品的地方，以防胶质老化，降低绝缘性能。

A. 过冷　　　　　　B. 过热　　　　　　C. 尘土　　　　　　D. 阳光直射

答案：ABD　见《国家电网有限公司电力安全工器具管理规定》[国网（安监 /4）289-2022] 附录 7

258. 橡胶、塑料类等耐酸手套使用后应将表面酸碱液体或污物用清水冲洗、晾干，不得（　　　　　）。

A. 暴晒　　　　　　B. 叠放　　　　　　C. 烘烤　　　　　　D. 灯照

答案：AC　见《国家电网有限公司电力安全工器具管理规定》[国网（安监 /4）289-2022] 附录 7

259. 电绝缘胶靴不允许放在过冷、过热、阳光直射和有（　　　　　）的地方。

A. 酸　　　　　　　B. 碱　　　　　　　C. 油品　　　　　　D. 化学药品

答案：ABCD　见《国家电网有限公司电力安全工器具管理规定》[国网（安监 /4）289-2022] 附录 7

260. 耐酸靴穿用后，应立即用水冲洗，存放阴凉处，撒滑石粉，以防粘连，应避免接触（　　　　　）。

A. 油类　　　　　　B. 碱性物质　　　　C. 有机溶剂　　　　D. 锐利物

答案：ACD　见《国家电网有限公司电力安全工器具管理规定》[国网（安监 /4）289-2022] 附录 7

261. （　　　　　）可用来清洗焦油和油漆。

A. 肥皂　　　　　　B. 汽油　　　　　　C. 石蜡　　　　　　D. 纯酒精

答案：BCD　见《国家电网有限公司电力安全工器具管理规定》[国网（安监 /4）289-2022] 附录 7

262. 防静电鞋和导电鞋应保持清洁。如（　　　　　）或因老化形成绝缘层后，对电阻影响很大。

A. 表面污染尘土　　　　　　　　　　　B. 长期使用

C. 附着油蜡　　　　　　　　　　　　　D. 粘贴绝缘物

答案：ACD 见《国家电网有限公司电力安全工器具管理规定》[国网（安监/4）289-2022]附录7

263. 防静电鞋和导电鞋应保持清洁。刷洗时要用（　　　　）或不含酸、碱的中性洗涤剂。

A. 毛刷　　　　　　　　　　　B. 软毛刷

C. 软布蘸酒精　　　　　　　　D. 软布

答案：BC 见《国家电网有限公司电力安全工器具管理规定》[国网（安监/4）289-2022]附录7

264. 绝缘遮蔽罩使用后应擦拭干净，装入包装袋内，放置于（　　　　）的架子或专用柜内。

A. 清洁　　　　B. 恒温　　　　C. 恒湿　　　　D. 干燥通风

答案：AD 见《国家电网有限公司电力安全工器具管理规定》[国网（安监/4）289-2022]附录7

265. 环氧树脂类安全工器具应置于（　　　　）和无腐蚀、有害物质的场所保存。

A. 通风良好　　　　　　　　　B. 清洁干燥

C. 避免阳光直晒　　　　　　　D. 避免尘土

答案：ABC 见《国家电网有限公司电力安全工器具管理规定》[国网（安监/4）289-2022]附录7

266. 纤维类安全工器具应放在（　　　　）及有害物质的位置，并与热源保持1m以上的距离。

A. 干燥　　　　　　　　　　　B. 通风

C. 避免阳光直晒　　　　　　　D. 无腐蚀

答案：ABCD 见《国家电网有限公司电力安全工器具管理规定》[国网（安监/4）289-2022]附录7

267. 安全带不使用时，应由专人保管。存放时，不应接触高温（　　　　）或尖锐物体，不应存放在潮湿的地方。

A. 酒精　　　　B. 明火　　　　C. 强酸　　　　D. 强碱

答案: BCD 见《国家电网有限公司电力安全工器具管理规定》[国网（安监/4）289-2022]附录7

268. 安全网不使用时，应由专人保管，储存在通风、避免阳光直射的干燥环境，不应在热源附近储存，避免接触腐蚀性物质或化学品，如（　　　）等。

A. 酸　　　　　　　B. 染色剂　　　　　C. 有机溶剂　　　　D. 汽油

答案: ABCD 见《国家电网有限公司电力安全工器具管理规定》[国网（安监/4）289-2022]附录7

269. 屏蔽服装应避免（　　　　　）。

A. 熨烫　　　　　　　　　　　　　B. 折叠

C. 过度折叠　　　　　　　　　　　D. 暴露在空气中

答案: ACD 见《国家电网有限公司电力安全工器具管理规定》[国网（安监/4）289-2022]附录7

270. 标识牌、安全警告牌等，应外观醒目，（　　　　　），摆放整齐。

A. 无气泡　　　　B. 无弯折　　　　C. 无锈蚀　　　　D. 无皱纹

答案: BC 见《国家电网有限公司电力安全工器具管理规定》[国网（安监/4）289-2022]附录7

271. 电力安全工器具库房一般可以划分为（　　　　　）。

A. 存放区　　　　　　　　　　　　B. 报废区

C. 待检区　　　　　　　　　　　　D. 待报废区

答案: ACD 见《国家电网有限公司电力安全工器具管理规定》[国网（安监/4）289-2022]附录8

272. 电力安全工器具库房应修建在环境（　　　　　）的地方，且便于安全工器具运输及进出。

A. 清洁　　　　　B. 干燥　　　　C. 无尘　　　　D. 通风良好

答案: ABD 见《国家电网有限公司电力安全工器具管理规定》[国网（安监/4）289-2022]附录8

273.处在的一楼电力安全工器具库房，地面应做好（　　　　）处理。

A. 防尘　　　　　　B. 防水　　　　　　C. 防冻　　　　　　D. 防潮

答案：BD　见《国家电网有限公司电力安全工器具管理规定》[国网（安监/4）289-2022]附录8

274.电力安全工器具库房管理人员应根据台账信息，定期做好电力安全工器具的（　　　　）等工作。

A. 检查　　　　　　B. 维护　　　　　　C. 送检　　　　　　D. 报废

答案：ABCD　见《国家电网有限公司电力安全工器具管理规定》[国网（安监/4）289-2022]附录8

275.电力安全工器具库房应修建在（　　　　）的地方。

A. 环境清洁　　　　B. 干燥　　　　　　C. 明亮　　　　　　D. 通风良好

答案：BD　见《国家电网有限公司电力安全工器具管理规定》[国网（安监/4）289-2022]附录8

276.电力安全工器具库房的装修材料中，应采用不起尘、（　　　　）的光源。

A. 阻燃　　　　　　B. 隔热　　　　　　C. 防潮　　　　　　D. 无毒

答案：ABCD　见《国家电网有限公司电力安全工器具管理规定》[国网（安监/4）289-2022]附录8

277.电力安全工器具库房所在专业室、班组或供电所，应按照"谁使用、谁管理"原则，全面负责库房的（　　　　）。

A. 日常检查　　　　B. 改造　　　　　　C. 维护　　　　　　D. 管理

答案：ACD　见《国家电网有限公司电力安全工器具管理规定》[国网（安监/4）289-2022]附录8

278.电力安全工器具库房专责人应对首次入库的安全工器具进行（　　　　）。

A. 手写建档　　　　B. 扫码建档　　　　C. 分类存放　　　　D. 分层存放

答案：BC　见《国家电网有限公司电力安全工器具管理规定》[国网（安监/4）289-2022]附录8

279. 安全工器具借用（归还）时，应进行（   ），经库房专责人确认后方可出（入）库。

A. 外观检查   B. 清扫清洗   C. 扫码建档   D. 扫码登记

答案： AD   见《国家电网有限公司电力安全工器具管理规定》[国网（安监/4）289-2022]附录8

280. 安全工器具库房专责人应根据台账信息，定期做好安全工器具的（   ）等工作，保证安全工器具状况良好。

A. 检查   B. 维护   C. 送检   D. 报废

答案： ABCD   见《国家电网有限公司电力安全工器具管理规定》[国网（安监/4）289-2022]附录8

281. 库房所在专业室、班组或供电所，应将库房（   ），纳入日常运维范围。

A. 环境状态   B. 测控

C. 专责人信息   D. 信息系统运行状况

答案： ABD   见《国家电网有限公司电力安全工器具管理规定》[国网（安监/4）289-2022]附录8

282. "禁止合闸，有人工作！"标示牌的尺寸是（   ）。

A. 200mm × 160mm   B. 250mm × 250mm

C. 80mm × 65mm   D. 80mm × 80mm

答案： AC   见《国家电网公司电力安全工作规程　线路部分》（Q/GDW 1799.2—2013）附录J

283. "禁止合闸，有人工作！"标示牌的颜色是（   ）。

A. 白底

B. 衬底为黄色

C. 红色圆形斜杠

D. 黑色禁止标志符号

答案： ACD   见《国家电网公司电力安全工作规程　线路部分》（Q/GDW 1799.2—2013）附录J

284. "禁止合闸，线路有人工作！"标示牌的尺寸是（   ）。

A. 200mm × 160mm

B. 250mm × 250mm

C. 80mm × 65mm

D. 80mm × 80mm

答案：AC　见《国家电网公司电力安全工作规程　线路部分》（Q/GDW 1799.2—2013）附录 J

285. "禁止合闸，线路有人工作！"标示牌的颜色是（   ）。

A. 白底

B. 衬底为黄色

C. 红色圆形斜杠

D. 黑色禁止标志符号

答案：ACD　见《国家电网公司电力安全工作规程　线路部分》（Q/GDW 1799.2—2013）附录 J

286. "禁止分闸！"标示牌的尺寸是（   ）。

A. 200mm × 160mm

B. 250mm × 250mm

C. 80mm × 80mm

D. 80mm × 65mm

答案：AD　见《国家电网公司电力安全工作规程　线路部分》（Q/GDW 1799.2—2013）附录 J

287. "禁止分闸！"标示牌的颜色是（   ）。

A. 白底

B. 衬底为黄色

C. 红色圆形斜杠

D. 黑色禁止标志符号

答案：ACD　见《国家电网公司电力安全工作规程　线路部分》（Q/GDW 1799.2—2013）附录 J

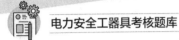

288. "在此工作！"标示牌的尺寸是（　　　　　）。

A.200mm×160mm

B.250mm×250mm

C.80mm×80mm

D.80mm×65mm

答案：BC　见《国家电网公司电力安全工作规程　线路部分》（Q/GDW 1799.2—2013）附录 J

289. "在此工作！"标示牌的颜色是（　　　　　）。

A. 衬底为绿色

B. 衬底为黄色

C. 中有直径 65mm 白圆圈

D. 中有直径 200mm 白圆圈

答案：ACD　见《国家电网公司电力安全工作规程　线路部分》（Q/GDW 1799.2—2013）附录 J

290. "止步，高压危险！"标示牌的尺寸是（　　　　　）。

A.250mm×250mm

B.300mm×240mm

C.200mm×160mm

D.80mm×65mm

答案：BC　见《国家电网公司电力安全工作规程　线路部分》（Q/GDW 1799.2—2013）附录 J

291. "止步，高压危险！"标示牌的颜色是（　　　　　）。

A. 白底

B. 黑色正三角形及标志符号

C. 衬底为绿色

D. 衬底为黄色

答案：ABD　见《国家电网公司电力安全工作规程　线路部分》（Q/GDW 1799.2—2013）附录 J

292."从此上下!"标示牌的字样是（　　　　）。

A. 黑字　　　　　　　　　　　　B. 白字

C. 红字　　　　　　　　　　　　D. 写于白圆圈中

答案：AD　　见《国家电网公司电力安全工作规程　线路部分》（Q/GDW 1799.2—2013）附录 J

293."从此上下!"标示牌的颜色是（　　　　）。

A. 衬底为黄色

B. 衬底为绿色

C. 中有直径 200mm 白圆圈

D. 中有直径 65mm 白圆圈

答案：BC　　见《国家电网公司电力安全工作规程　线路部分》（Q/GDW 1799.2—2013）附录 J

294."止步，高压危险!"标示牌悬挂在（　　　　）。

A. 室外工作地点的围栏上

B. 禁止通行的过道上

C. 室外构架上

D. 高压配电装置构架的爬梯上

答案：ABC　　见《国家电网公司电力安全工作规程　线路部分》（Q/GDW 1799.2—2013）附录 J

295."禁止攀登，高压危险!"标示牌悬挂在（　　　　）。

A. 室外构架上

B. 高压配电装置构架的爬梯上

C. 变压器的爬梯上

D. 电抗器的爬梯上

答案：BCD　　见《国家电网公司电力安全工作规程　线路部分》（Q/GDW 1799.2—2013）附录 J

296. 额定电压为 10kV 的电容型验电器工频耐压试验时间与电压是（　　　　）。

A.1min　　　　　　B.5min　　　　　　C.45kV　　　　　　D.95kV

答案：AC 见《国家电网公司电力安全工作规程　线路部分》（Q/GDW 1799.2—2013）附录 L

297. 额定电压为 35kV 的电容型验电器工频耐压试验时间与电压是（　　　）。

A.1min　　　　　　　B.5min　　　　　　　C.45kV　　　　　　　D.95kV

答案：AD 见《国家电网公司电力安全工作规程　线路部分》（Q/GDW 1799.2—2013）附录 L

298. 额定电压为 66kV 的电容型验电器工频耐压试验时间与电压是（　　　）。

A.1min　　　　　　　B.5min　　　　　　　C.175kV　　　　　　D.95kV

答案：AC 见《国家电网公司电力安全工作规程　线路部分》（Q/GDW 1799.2—2013）附录 L

299. 额定电压为 110kV 的电容型验电器工频耐压试验时间与电压是（　　　）。

A.1min　　　　　　　B.5min　　　　　　　C.175kV　　　　　　D.220kV

答案：AD 见《国家电网公司电力安全工作规程　线路部分》（Q/GDW 1799.2—2013）附录 L

300. 额定电压为 220kV 的电容型验电器工频耐压试验时间与电压是（　　　）。

A.5min　　　　　　　B.1min　　　　　　　C.440kV　　　　　　D.220kV

答案：BC 见《国家电网公司电力安全工作规程　线路部分》（Q/GDW 1799.2—2013）附录 L

301. 额定电压为 330kV 的电容型验电器工频耐压试验时间与电压是（　　　）。

A.1min　　　　　　　B.5min　　　　　　　C.440kV　　　　　　D.380kV

答案：BD 见《国家电网公司电力安全工作规程　线路部分》（Q/GDW 1799.2—2013）附录 L

302. 额定电压为 500kV 的电容型验电器工频耐压试验时间与电压是（　　　　）。

A.1min　　　　　　　B.5min　　　　　　　C.580kV　　　　　　　D.440kV

答案：BC　见《国家电网公司电力安全工作规程　线路部分》（Q/GDW 1799.2—2013）附录 L

303. 额定电压为 10kV 的携带型短路接地线操作棒工频耐压试验时间与电压是（　　　　）。

A.1min　　　　　　　B.5min　　　　　　　C.45kV　　　　　　　D.95kV

答案：AC　见《国家电网公司电力安全工作规程　线路部分》（Q/GDW 1799.2—2013）附录 L

304. 额定电压为 35kV 的携带型短路接地线操作棒工频耐压试验时间与电压是（　　　　）。

A.1min　　　　　　　B.5min　　　　　　　C.45kV　　　　　　　D.95kV

答案：AD　见《国家电网公司电力安全工作规程　线路部分》（Q/GDW 1799.2—2013）附录 L

305. 额定电压为 66kV 的携带型短路接地线操作棒工频耐压试验时间与电压是（　　　　）。

A.1min　　　　　　　B.5min　　　　　　　C.175kV　　　　　　　D.95kV

答案：AC　见《国家电网公司电力安全工作规程　线路部分》（Q/GDW 1799.2—2013）附录 L

306. 额定电压为 110kV 的携带型短路接地线操作棒工频耐压试验时间与电压是（　　　　）。

A.1min　　　　　　　B.5min　　　　　　　C.175kV　　　　　　　D.220kV

答案：AD　见《国家电网公司电力安全工作规程　线路部分》（Q/GDW 1799.2—2013）附录 L

307. 额定电压为 220kV 的携带型短路接地线操作棒工频耐压试验时间与电压是（　　　　）。

A.5min　　　　　　　B.1min　　　　　　　C.440kV　　　　　　　D.220kV

答案：BC　见《国家电网公司电力安全工作规程　线路部分》（Q/GDW 1799.2—2013）附录L

308. 额定电压为330kV的携带型短路接地线操作棒工频耐压试验时间与电压是（　　　　）。

　　A.1min　　　　　　　B.5min　　　　　　　C.440kV　　　　　　　D.380kV

答案：BD　见《国家电网公司电力安全工作规程　线路部分》（Q/GDW 1799.2—2013）附录L

309. 额定电压为10kV的绝缘杆工频耐压试验时间与电压是（　　　　　）。

　　A.1min　　　　　　　B.5min　　　　　　　C.45kV　　　　　　　D.95kV

答案：AC　见《国家电网公司电力安全工作规程　线路部分》（Q/GDW 1799.2—2013）附录L

310. 额定电压为35kV的绝缘杆工频耐压试验时间与电压是（　　　　）。

　　A.1min　　　　　　　B.5min　　　　　　　C.45kV　　　　　　　D.95kV

答案：AD　见《国家电网公司电力安全工作规程　线路部分》（Q/GDW 1799.2—2013）附录L

311. 额定电压为500kV的携带型短路接地线操作棒工频耐压试验时间与电压是（　　　　）。

　　A.1min　　　　　　　B.5min　　　　　　　C.580kV　　　　　　　D.440kV

答案：BC　见《国家电网公司电力安全工作规程　线路部分》（Q/GDW 1799.2—2013）附录L

312. 额定电压为66kV的绝缘杆工频耐压试验时间与电压是（　　　　）。

　　A.1min　　　　　　　B.5min　　　　　　　C.175kV　　　　　　　D.95kV

答案：AC　见《国家电网公司电力安全工作规程　线路部分》（Q/GDW 1799.2—2013）附录L

313. 额定电压为110kV的绝缘杆工频耐压试验时间与电压是（　　　　）。

A.1min　　　　　　B.5min　　　　　　C.175kV　　　　　　D.220kV

答案：AD　见《国家电网公司电力安全工作规程　线路部分》（Q/GDW 1799.2—2013）附录 L

314. 额定电压为220kV的绝缘杆工频耐压试验时间与电压是（　　　　）。

A.5min　　　　　　B.1min　　　　　　C.440kV　　　　　　D.220kV

答案：BC　见《国家电网公司电力安全工作规程　线路部分》（Q/GDW 1799.2—2013）附录 L

315. 额定电压为330kV的绝缘杆工频耐压试验时间与电压是（　　　　）。

A.1min　　　　　　B.5min　　　　　　C.440kV　　　　　　D.380kV

答案：BD　见《国家电网公司电力安全工作规程　线路部分》（Q/GDW 1799.2—2013）附录 L

316. 额定电压为500kV的绝缘杆工频耐压试验时间与电压是（　　　　）。

A.1min　　　　　　B.5min　　　　　　C.580kV　　　　　　D.440kV

答案：BC　见《国家电网公司电力安全工作规程　线路部分》（Q/GDW 1799.2—2013）附录 L

317. 登高工器具（　　　　）应进行静负荷试验。

A. 安全带　　　　　B. 安全帽　　　　　C. 脚扣　　　　　　D. 升降板

答案：ACD　见《国家电网公司电力安全工作规程　线路部分》（Q/GDW 1799.2—2013）附录 M

318. 登高工器具（　　　　）应进行静压力试验。

A. 安全带　　　　　B. 竹（木）梯　　　　C. 脚扣　　　　　　D. 升降板

答案：BCD　见《国家电网公司电力安全工作规程　线路部分》（Q/GDW 1799.2—2013）附录 M

319. 登高工器具（　　　　　）应进行静拉力试验。

A. 围杆带　　　　　　B. 围杆绳　　　　　　C. 护腰带　　　　　　D. 软梯

答案：ABC　见《国家电网公司电力安全工作规程　线路部分》（Q/GDW 1799.2—2013）附录 M

320. 登高工器具（　　　　　）进行的静负荷试验其载荷时间为 5min。

A. 围杆带　　　　　　B. 围杆绳　　　　　　C. 护腰带　　　　　　D. 安全绳

答案：ABCD　见《国家电网公司电力安全工作规程　线路部分》（Q/GDW 1799.2—2013）附录 M

321. 登高工器具（　　　　　）试验周期为半年。

A. 软梯　　　　　　　B. 钩梯　　　　　　　C. 脚扣　　　　　　　D. 升降板

答案：ABD　见《国家电网公司电力安全工作规程　线路部分》（Q/GDW 1799.2—2013）附录 M

322. 登高工器具（　　　　　）进行的静负荷试验中施加 4900N 静压力。

A. 软梯　　　　　　　B. 钩梯　　　　　　　C. 脚扣　　　　　　　D. 升降板

答案：AB　见《国家电网公司电力安全工作规程　线路部分》（Q/GDW 1799.2—2013）附录 M

三、判断题

1. 安全围栏（网）和标识牌属于安全工器具。

解析答案：正确

见《国家电网有限公司电力安全工器具管理规定》[国网（安监/4）289-2022]第一章第二条

2. 国网设备部负责公司系统安全工器具的归口管理。

解析答案：错误

改正： 国网安监部负责公司系统安全工器具的归口管理。

见《国家电网有限公司电力安全工器具管理规定》[国网（安监/4）289-2022]第二章第六条

3. 国网设备部负责配电网工程工器具管理，确定配置标准，汇总、审核本专业年度计划并组织实施。

解析答案：错误

改正： 国网设备部负责带电作业绝缘安全工器具及配电网工程工器具管理，确定配置标准，汇总、审核本专业年度计划并组织实施。

见《国家电网有限公司电力安全工器具管理规定》[国网（安监/4）289-2022]第二章第七条

4. 有型式试验要求的产品应具备有效的型式试验报告。

解析答案：正确

见《国家电网有限公司电力安全工器具管理规定》[国网（安监/4）289-2022]第三章第十八条

5. 安全工器具验收合格后入库或交付使用单位；不合格者应根据物资管理有关规定进行处理。

解析答案：错误

改正：安全工器具验收合格、各方签字确认后入库或交付使用单位；不合格者应根据物资管理有关规定进行处理。

见《国家电网有限公司电力安全工器具管理规定》[国网（安监/4）289-2022]第三章第十九条

6. 安全工器具应通过国家、行业标准规定的型式试验，以及出厂试验和预防性试验。进口产品的试验等于国际同类产品标准。

解析答案：错误

改正：安全工器具应通过国家、行业标准规定的型式试验，以及出厂试验和预防性试验。进口产品的试验不低于国内同类产品标准。

见《国家电网有限公司电力安全工器具管理规定》[国网（安监/4）289-2022]第四章第二十一条

7. 施工企业有资质的可自行检验或可委托有资质的第三方进行检验。

解析答案：正确

见《国家电网有限公司电力安全工器具管理规定》[国网（安监/4）289-2022]第四章第二十二条

8. 自制的安全工器具使用前无须进行预防性试验。

解析答案：错误

改正：新购置和自制的安全工器具使用前应进行预防性试验。

见《国家电网有限公司电力安全工器具管理规定》[国网（安监/4）289-2022]第四章第二十四条

9. 安全工器具经预防性试验合格后，应由检测机构在安全工器具上（不妨碍绝缘性能、使用性能且醒目的部位）牢固粘贴"合格证"标签或电子标签。

解析答案：错误

改正：安全工器具经预防性试验合格后，应由检测机构在合格的安全工器具上（不妨碍绝缘性能、使用性能且醒目的部位）牢固粘贴"合格证"标签或电子标签。

见《国家电网有限公司电力安全工器具管理规定》[国网（安监/4）289-2022]第四章第二十六条

10. 绝缘安全工器具使用后应擦拭干净。

解析答案：错误

改正： 绝缘安全工器具使用前、后应擦拭干净。

见《国家电网有限公司电力安全工器具管理规定》[国网（安监/4）289-2022]第五章第二十八条

11. 不合格或超试验周期的安全工器具应另外存放，做出"禁用"标识，停止使用。

解析答案：正确

见《国家电网有限公司电力安全工器具管理规定》[国网（安监/4）289-2022]第五章第二十九条

12. 安全工器具在保管及运输过程中应防止损坏和磨损。

解析答案：正确

见《国家电网有限公司电力安全工器具管理规定》[国网（安监/4）289-2022]第五章第三十二条

13. 使用中若发现产品质量、售后服务等不良问题，应及时报告物资部门和安全监督部门，由安全监督部门发布信息通报，物资部门按照物资管理规定，对有关供应商进行处理。

解析答案：错误

改正： 使用中若发现产品质量、售后服务等不良问题，应及时报告物资部门和安全监督部门。查实后，由物资部门按照物资管理规定，纳入相关信息通报，并对有关供应商进行处理。

见《国家电网有限公司电力安全工器具管理规定》[国网（安监/4）289-2022]第五章第三十三条

14. 外观检查明显损坏或零部件缺失的安全工器具应予以报废。

解析答案：正确

见《国家电网有限公司电力安全工器具管理规定》[国网（安监/4）289-2022]第六章第三十四条

15. 报废的安全工器具应及时清理，可以与合格的安全工器具存放在一起。

解析答案：错误

改正： 报废的安全工器具应及时清理，不得与合格的安全工器具存放在一起。

见《国家电网有限公司电力安全工器具管理规定》[国网（安监/4）289-2022]第六章第三十五条

16. 安全工器具报废，由安监部门提出处置申请。

解析答案：错误

改正： 安全工器具报废，由使用保管单位（部门）提出处置申请。

见《国家电网有限公司电力安全工器具管理规定》[国网（安监/4）289-2022]第六章第三十六条

17. 各级安监部门应每年对安全工器具管理进行综合评价。

解析答案：正确

见《国家电网有限公司电力安全工器具管理规定》[国网（安监/4）289-2022]第七章第四十一条

18. 安全围栏（网）和标识牌属于安全工器具。

解析答案：正确

见《国家电网有限公司电力安全工器具管理规定》[国网（安监/4）289-2022]附录1

19. 个体防护装备是指保护人体避免受到急性伤害而使用的安全用具。

解析答案：正确

见《国家电网有限公司电力安全工器具管理规定》[国网（安监/4）289-2022]附录1

20. 防护眼镜是在进行检修工作、巡视电气设备时，保护工作人员不受电弧灼伤以及防止异物落入眼内的防护用具。

解析答案：错误

改正： 防护眼镜是在进行检修工作、维护电气设备时，保护工作人员不受电弧灼伤以及防止异物落入眼内的防护用具。

见《国家电网有限公司电力安全工器具管理规定》[国网（安监/4）289-2022]附录

21. 自吸过滤式防毒面具是用于无氧环境中的呼吸器。

解析答案：错误

改正：自吸过滤式防毒面具是用于有氧环境中使用的呼吸器。

见《国家电网有限公司电力安全工器具管理规定》[国网（安监/4）289-2022]附录1

22. 正压式消防空气呼吸器是用于有氧环境中的呼吸器。

解析答案：错误

改正：正压式消防空气呼吸器是用于无氧环境中的呼吸器。

见《国家电网有限公司电力安全工器具管理规定》[国网（安监/4）289-2022]附录1

23. 耐酸服是适用于从事接触酸类物质作业人员穿戴的具有防酸性能的工作服。

解析答案：错误

改正：耐酸服是适用于从事接触和配制酸类物质作业人员穿戴的具有防酸性能的工作服。

见《国家电网有限公司电力安全工器具管理规定》[国网（安监/4）289-2022]附录1

24. SF_6 防护服是为保护从事 SF_6 电气设备安装、调试、试验、检修人员在现场工作的人身安全。

解析答案：错误

改正： SF_6 防护服是为保护从事 SF_6 电气设备安装、调试、运行维护、试验、检修人员在现场工作的人身安全。

见《国家电网有限公司电力安全工器具管理规定》[国网（安监/4）289-2022]附录1

25. 耐酸靴具有防酸性能，适合脚部接触酸溶液溅泼在足部时保护足部不受伤害的防护鞋。

解析答案：正确

见《国家电网有限公司电力安全工器具管理规定》[国网（安监/4）289-2022]附录1

26. 救生衣、救生圈等是用于水上作业时的救生装备。

解析答案：正确

见《国家电网有限公司电力安全工器具管理规定》[国网（安监/4）289-2022]附录1

27. 绝缘遮蔽罩属于带电作业绝缘安全工器具。

解析答案：错误

改正：绝缘遮蔽罩属于基本绝缘安全工器具。

见《国家电网有限公司电力安全工器具管理规定》[国网（安监/4）289-2022]附录1

28. 绝缘隔板属于带电作业绝缘安全工器具。

解析答案：错误

改正：绝缘隔板属于基本绝缘安全工器具。

见《国家电网有限公司电力安全工器具管理规定》[国网（安监/4）289-2022]附录1

29. 携带型短路接地线属于基本绝缘安全工器具。

解析答案：正确

见《国家电网有限公司电力安全工器具管理规定》[国网（安监/4）289-2022]附录1

30. 电容型电容型验电器属于基本绝缘安全工器具。

解析答案：正确

见《国家电网有限公司电力安全工器具管理规定》[国网（安监/4）289-2022]附录1

31. 绝缘隔板是由绝缘材料制成，用于隔离带电部件、限制工作人员活动范围、防止接近低压带电部分的绝缘平板。

解析答案：错误

改正：绝缘隔板是由绝缘材料制成，用于隔离带电部件、限制工作人员活动范围、防止接近高压带电部分的绝缘平板。

见《国家电网有限公司电力安全工器具管理规定》[国网（安监/4）289-2022]附录1

32. 绝缘托瓶架、绝缘软梯是带电作业绝缘安全工器具。

解析答案：正确

见《国家电网有限公司电力安全工器具管理规定》[国网（安监/4）289-2022]附录1

33. 带电作业用绝缘毯是由绝缘材料制成，保护作业人员触及带电体时免遭电击，以及防止电气设备之间短路的毯子。

解析答案：错误

改正：带电作业用绝缘毯是由绝缘材料制成，保护作业人员无意识触及带电体时免遭电击，以及防止电气设备之间短路的毯子。

见《国家电网有限公司电力安全工器具管理规定》[国网（安监/4）289-2022]附录1

34. 带电作业用绝缘滑车是在带电作业中用于绳索导向或承担负载的全绝缘的工具。

解析答案：错误

改正：带电作业用绝缘滑车是在带电作业中用于绳索导向或承担负载的全绝缘或部分绝缘的工具。

见《国家电网有限公司电力安全工器具管理规定》[国网（安监/4）289-2022]附录1

35. 可以用辅助绝缘安全工器具直接接触高压设备带电部分。

解析答案：错误

改正：不能用辅助绝缘安全工器具直接接触高压设备带电部分。

见《国家电网有限公司电力安全工器具管理规定》[国网（安监/4）289-

2022〕附录1

36. 辅助型绝缘靴（鞋）是由橡胶制成的。

解析答案：错误

改正：辅助型绝缘靴（鞋）是由特种橡胶制成的。

见《国家电网有限公司电力安全工器具管理规定》〔国网（安监/4）289-2022〕附录1

37. 快装脚手架是指整体结构采用"积木式"组合设计，构件标准化且采用复合材料制作，借助安装工具，可在短时间内徒手搭建的一种高处作业平台。

解析答案：错误

改正：快装脚手架是指整体结构采用"积木式"组合设计，构件标准化且采用复合材料制作，不需任何安装工具，可在短时间内徒手搭建的一种高处作业平台。

见《国家电网有限公司电力安全工器具管理规定》〔国网（安监/4）289-2022〕附录1

38. 升降型检修平台是一种用于一人登高、站立，具有升降功能的作业平台。

解析答案：错误

改正：升降型检修平台是一种用于一人或数人登高、站立，具有升降功能的作业平台。

见《国家电网有限公司电力安全工器具管理规定》〔国网（安监/4）289-2022〕附录1

39. 拆卸型检修平台是登高作业及防护的辅助装置。

解析答案：正确

见《国家电网有限公司电力安全工器具管理规定》〔国网（安监/4）289-2022〕附录1

40. 标识牌不包括警示带。

解析答案：错误

改正： 标识牌包括各种安全警告牌、设备标示牌、锥形交通标、警示带等。

见《国家电网有限公司电力安全工器具管理规定》[国网（安监/4）289-2022]附录1

41. 变电一次检修班、变电运维班、线路检修班、线路运维班、电缆检修班、电缆运维班、供电所每人配置1顶安全帽。

解析答案：正确

见《国家电网有限公司电力安全工器具管理规定》[国网（安监/4）289-2022]附录3

42. 变电一次检修班、变电运维班、线路检修班、线路运维班、电缆检修班、电缆运维班、供电所每人配置1副护目镜。

解析答案：正确

见《国家电网有限公司电力安全工器具管理规定》[国网（安监/4）289-2022]附录3

43. 配电检修班（10人）应配备5套绝缘操作杆。

解析答案：错误

改正： 配电检修班（10人）应配备4套绝缘操作杆。

见《国家电网有限公司电力安全工器具管理规定》[国网（安监/4）289-2022]附录3

44. 供电所（10人）辅助型绝缘手套的配置为2双。

解析答案：错误

改正： 供电所（10人）辅助型绝缘手套的配置为4双。

见《国家电网有限公司电力安全工器具管理规定》[国网（安监/4）289-2022]附录3

45. 线路检修班（10人）应按照每人配备1副护目镜。

解析答案：正确

见《国家电网有限公司电力安全工器具管理规定》[国网（安监/4）289-2022]附录3

46. 配电运维班（10 人）应配备 6 副安全带。

解析答案：正确

见《国家电网有限公司电力安全工器具管理规定》[国网（安监 /4）289-2022]附录 3

47. 电缆运维班（10 人）应配备电容型验电器 4 支。

解析答案：错误

改正： 电缆运维班（10 人）应配备电容型验电器 2 支。

见《国家电网有限公司电力安全工器具管理规定》[国网（安监 /4）289-2022]附录 3

48. 供电所（10 人）应配备 10 组携带型短路接地线。

解析答案：错误

改正： 供电所（10 人）应配备 6 组携带型短路接地线。

见《国家电网有限公司电力安全工器具管理规定》[国网（安监 /4）289-2022]附录 3

49. 线路检修班（10 人）应配备 1 副个人保安线。

解析答案：正确

见《国家电网有限公司电力安全工器具管理规定》[国网（安监 /4）289-2022]附录 3

50. 变电检修班（10 人）应配备 10 架登高梯具。

解析答案：错误

改正： 变电检修班（10 人）应配备 2 架登高梯具。

见《国家电网有限公司电力安全工器具管理规定》[国网（安监 /4）289-2022]附录 3

51. 线路检修班（10 人）应每人配备 1 副登高板或脚扣。

解析答案：正确

见《国家电网有限公司电力安全工器具管理规定》[国网（安监 /4）289-2022]附录 3

52. 配电运维班（10人）应配备20块"禁止合闸，线路有人工作！"安全警告牌。

解析答案：正确

见《国家电网有限公司电力安全工器具管理规定》[国网（安监/4）289-2022]附录3

53. 供电所（10人）应配备30块"止步，高压危险！"安全警告牌。

解析答案：错误

改正：供电所（10人）应配备10块"止步，高压危险！"安全警告牌。

见《国家电网有限公司电力安全工器具管理规定》[国网（安监/4）289-2022]附录3

54. 通信、自动化班（10人）应配备5套自吸过滤式防毒面具。

解析答案：错误

改正：通信、自动化班（10人）应配备2套自吸过滤式防毒面具。

见《国家电网有限公司电力安全工器具管理规定》[国网（安监/4）289-2022]附录3

55. 通信、自动化班（10人）应配备6块红布幔。

解析答案：错误

改正：通信、自动化班（10人）应配备10块红布幔。

见《国家电网有限公司电力安全工器具管理规定》[国网（安监/4）289-2022]附录3

56. 线路检修班（10人）应按照每人配备4双辅助型绝缘手套。

解析答案：正确

见《国家电网有限公司电力安全工器具管理规定》[国网（安监/4）289-2022]附录3

57. 35kV变电站应配备1架登高梯具。

解析答案：错误

改正：35kV变电站应配备2架登高梯具。

见《国家电网有限公司电力安全工器具管理规定》[国网（安监/4）289-

2022〕附录 4

58. 500（750）kV 变电站应配备 4 双辅助型绝缘手套。

解析答案：正确

见《国家电网有限公司电力安全工器具管理规定》〔国网（安监 /4）289-
2022〕附录 4

59. 500（750）kV 变电站应配备 8 双辅助型绝缘靴。

解析答案：错误

改正：500（750）kV 变电站应配备 4 双辅助型绝缘靴。

见《国家电网有限公司电力安全工器具管理规定》〔国网（安监 /4）289-
2022〕附录 4

60. 1000kV 变电站应配备 6 组接地线。

解析答案：错误

改正：1000kV 变电站应配备 4 组接地线。

见《国家电网有限公司电力安全工器具管理规定》〔国网（安监 /4）289-
2022〕附录 4

61. ±800kV 及以上换流站应配备自吸过滤式防毒面具 2 套。

解析答案：错误

改正：±800kV 及以上换流站应配备自吸过滤式防毒面具 6 套。

见《国家电网有限公司电力安全工器具管理规定》〔国网（安监 /4）289-
2022〕附录 4

62. 1000kV 变电站应配备正压式消防空气呼吸器 2 套。

解析答案：正确

见《国家电网有限公司电力安全工器具管理规定》〔国网（安监 /4）289-
2022〕附录 4

63. ±800kV 及以上换流站应配备 SF_6 气体检漏仪 1 副。

解析答案：正确

见《国家电网有限公司电力安全工器具管理规定》〔国网（安监 /4）289-
2022〕附录 4

64. 220（330）kV 变电站中应配备"禁止合闸，有人工作！"安全警告牌 20 块。

解析答案：正确

见《国家电网有限公司电力安全工器具管理规定》［国网（安监/4）289-2022］附录 4

65. 500（750）kV 变电站应配备"禁止分闸！"安全警告牌 20 块。

解析答案：错误

改正：500（750）kV 变电站应配备"禁止分闸！"安全警告牌 10 块。

见《国家电网有限公司电力安全工器具管理规定》［国网（安监/4）289-2022］附录 4

66. 1000kV 变电站中应配备"禁止攀登，高压危险！"安全警告牌 30 块。

解析答案：正确

见《国家电网有限公司电力安全工器具管理规定》［国网（安监/4）289-2022］附录 4

67. ±800kV 及以上换流站应配备"禁止攀登，高压危险！"安全警告牌 20 块。

解析答案：错误

改正：±800kV 及以上换流站应配备"禁止攀登，高压危险！"安全警告牌 30 块。

见《国家电网有限公司电力安全工器具管理规定》［国网（安监/4）289-2022］附录 4

68. ±800kV 及以上换流站应配备"止步，高压危险！"安全警告牌 80 块。

解析答案：错误

改正：±800kV 及以上换流站应配备"止步，高压危险！"安全警告牌 60 块。

见《国家电网有限公司电力安全工器具管理规定》［国网（安监/4）289-2022］附录 4

69. 110（66）kV 变电站应配备"止步，高压危险！"安全警告牌 20 块。

解析答案：正确

见《国家电网有限公司电力安全工器具管理规定》[国网（安监/4）289-2022]附录 4

70. 35kV 变电站应配备"止步，高压危险！"安全警告牌 30 块。

解析答案：错误

改正：35kV 变电站应配备"止步，高压危险！"安全警告牌 20 块。

见《国家电网有限公司电力安全工器具管理规定》[国网（安监/4）289-2022]附录 4

71. ±800kV 及以上换流站应配备"在此工作！"标示牌 40 块。

解析答案：错误

改正：±800kV 及以上换流站应配备"在此工作！"标示牌 60 块。

见《国家电网有限公司电力安全工器具管理规定》[·国网（安监/4）289-2022]附录 4

72. ±800kV 及以上换流站中应配备"禁止合闸，线路有人工作！"安全警告牌 15 块。

解析答案：错误

改正：±800kV 及以上换流站中应配备"禁止合闸，线路有人工作！"安全警告牌 30 块。

见《国家电网有限公司电力安全工器具管理规定》[国网（安监/4）289-2022]附录 4

73. 220（330）kV 变电站中应配备"从此进出！"标示牌 10 块。

解析答案：正确

见《国家电网有限公司电力安全工器具管理规定》[国网（安监/4）289-2022]附录 4

74. ±800kV 及以上换流站中应配备红布幔 50 块。

解析答案：错误

改正：±800kV 及以上换流站中应配备红布幔 60 块。

见《国家电网有限公司电力安全工器具管理规定》[国网（安监/4）289-2022]附录4

75. 1000kV变电站应配备安全围栏40副。

解析答案：正确

见《国家电网有限公司电力安全工器具管理规定》[国网（安监/4）289-2022]附录4

76. ±800kV及以上换流站应配备SF_6防护服4副。

解析答案：错误

改正：±800kV及以上换流站应配备SF_6防护服2副。

见《国家电网有限公司电力安全工器具管理规定》[国网（安监/4）289-2022]附录4

77. 1000kV变电站应配备辅助型绝缘垫2块。

解析答案：正确

见《国家电网有限公司电力安全工器具管理规定》[国网（安监/4）289-2022]附录4

78. ±800kV及以上换流站应配备安全帽10顶。

解析答案：错误

改正：±800kV及以上换流站应配备安全帽20顶。

见《国家电网有限公司电力安全工器具管理规定》[国网（安监/4）289-2022]附录4

79. 检查安全帽的帽壳外表面应平整光滑，无划痕、裂缝和孔洞，无灼伤、冲击痕迹。

解析答案：错误

改正：应检查安全帽的帽壳内外表面应平整光滑，无划痕、裂缝和孔洞，无灼伤、冲击痕迹。

见《国家电网有限公司电力安全工器具管理规定》[国网（安监/4）289-2022]附录6

80. 安全帽帽衬与帽壳连接牢固，后箍、衬带开闭调节灵活，卡位牢固。

解析答案：错误

改正：安全帽帽衬与帽壳连接牢固，后箍、锁紧卡等开闭调节灵活，卡位牢固。

见《国家电网有限公司电力安全工器具管理规定》[国网（安监/4）289-2022]附录6

81. 安全帽使用期从产品制造完成之日起计算，不得超过安全帽永久标识的强制报废期限。

解析答案：正确

见《国家电网有限公司电力安全工器具管理规定》[国网（安监/4）289-2022]附录6

82. 任何人员进入生产、施工现场必须佩戴安全帽。

解析答案：错误

改正：任何人员进入生产、施工现场必须正确佩戴安全帽。

见《国家电网有限公司电力安全工器具管理规定》[国网（安监/4）289-2022]附录6

83. 受过一次强冲击的安全帽不能继续使用，应予以报废。

解析答案：错误

改正：受过一次强冲击或做过试验的安全帽不能继续使用，应予以报废。

见《国家电网有限公司电力安全工器具管理规定》[国网（安监/4）289-2022]附录6

84. 高压近电报警安全帽使用前应检查其音响部分是否良好，可以作为无电的依据。

解析答案：错误

改正：高压近电报警安全帽使用前应检查其音响部分是否良好，但不得作为无电的依据。

见《国家电网有限公司电力安全工器具管理规定》[国网（安监/4）289-2022]附录6

85. 检查防护眼镜的镜架平滑，不可造成擦伤或有压迫感；同时，镜片与镜架衔接要牢固。

解析答案：正确

见《国家电网有限公司电力安全工器具管理规定》［国网（安监/4）289-2022］附录6

86. 在装卸高压熔断器或进行气焊时，应戴变色镜。

解析答案：错误

改正：在装卸高压熔断器或进行气焊时，应戴防辐射防护眼镜。

见《国家电网有限公司电力安全工器具管理规定》［国网（安监/4）289-2022］附录6

87. 防护眼镜的大小要恰好适合使用者的要求。

解析答案：错误

改正：防护眼镜的宽窄和大小要恰好适合使用者的要求。

见《国家电网有限公司电力安全工器具管理规定》［国网（安监/4）289-2022］附录6

88. 自吸过滤式防毒面具可用于槽、罐等密闭容器环境。

解析答案：错误

改正：自吸过滤式防毒面具不能用于槽、罐等密闭容器环境。

见《国家电网有限公司电力安全工器具管理规定》［国网（安监/4）289-2022］附录6

89. 自吸过滤式防毒面具过滤剂失去过滤作用（面具内有特殊气味）时，应及时更换。

解析答案：正确

见《国家电网有限公司电力安全工器具管理规定》［国网（安监/4）289-2022］附录6

90. 正压式消防空气呼吸器带有眼镜支架时，连接应可靠，无明显晃动感。视窗不应产生视觉变形现象。

解析答案：正确

见《国家电网有限公司电力安全工器具管理规定》[国网（安监/4）289-2022］附录6

91. 正压式消防空气呼吸器连接处若使用密封件，不应脱落或移位。

解析答案：正确

见《国家电网有限公司电力安全工器具管理规定》[国网（安监/4）289-2022］附录6

92. 安全带金属环类零件不允许使用焊接，可以留有开口，便于装拆。

解析答案：错误

改正： 安全带金属环类零件不允许使用焊接，不应留有开口。

见《国家电网有限公司电力安全工器具管理规定》[国网（安监/4）289-2022］附录6

93. 安全带钩体和钩舌的咬口必须完整，两者不得偏斜。各调节装置应灵活可靠。

解析答案：正确

见《国家电网有限公司电力安全工器具管理规定》[国网（安监/4）289-2022］附录6

94. 2m 以上的高处作业应使用安全带。

解析答案：错误

改正： 2m 及以上的高处作业应使用安全带。

见《国家电网有限公司电力安全工器具管理规定》[国网（安监/4）289-2022］附录6

95. 在电焊作业或其他有火花、熔融源等场所使用的安全带应有隔热防磨套。

解析答案：错误

改正： 在电焊作业或其他有火花、熔融源等场所使用的安全带或安全绳应有隔热防磨套。

见《国家电网有限公司电力安全工器具管理规定》[国网（安监/4）289-2022］附录6

96. 作业人员在转移作业位置时不准失去安全保护。

解析答案：错误

改正： 高处作业人员在转移作业位置时不准失去安全保护。

见《国家电网有限公司电力安全工器具管理规定》[国网（安监/4）289-2022]附录6

97. 安全绳的永久标识包括安全绳总长度。

解析答案：正确

见《国家电网有限公司电力安全工器具管理规定》[国网（安监/4）289-2022]附录6

98. 安全绳必须要有护套且完整不应破损。

解析答案：错误

改正： 安全绳的护套（如有）完整不应破损。

见《国家电网有限公司电力安全工器具管理规定》[国网（安监/4）289-2022]附录6

99. 纤维绳式安全绳绳头无散丝。

解析答案：正确

见《国家电网有限公司电力安全工器具管理规定》[国网（安监/4）289-2022]附录6

100. 有2根安全绳（包括未展开的缓冲器）的安全带，其单根有效长度不应大于1.6m。

解析答案：错误

改正： 有2根安全绳（包括未展开的缓冲器）的安全带，其单根有效长度不应大于1.2m。

见《国家电网有限公司电力安全工器具管理规定》[国网（安监/4）289-2022]附录6

101. 连接器的活门应向连接器锁体外打开，不得松旷。

解析答案：错误

改正： 连接器的活门应向连接器锁体内打开，不得松旷。

见《国家电网有限公司电力安全工器具管理规定》[国网（安监/4）289-2022]附录6

102. 有锁止警示的连接器锁止后应能观测到警示标志。

解析答案：正确

见《国家电网有限公司电力安全工器具管理规定》[国网（安监/4）289-2022]附录6

103. 多人可以同时使用同一个连接器作为连接或悬挂点。

解析答案：错误

改正： 不应多人同时使用同一个连接器作为连接或悬挂点。

见《国家电网有限公司电力安全工器具管理规定》[国网（安监/4）289-2022]附录6

104. 连接器在不用打开活门即可接挂接的场所使用。

解析答案：错误

改正： 连接器不要在不用打开活门即可接挂接的场所使用。

见《国家电网有限公司电力安全工器具管理规定》[国网（安监/4）289-2022]附录6

105. 检查带有坠落指示器的速差自控器，其安全识别保险装置应未动作。

解析答案：正确

见《国家电网有限公司电力安全工器具管理规定》[国网（安监/4）289-2022]附录6

106. 速差自控器应系在牢固的物体上，禁止系挂在移动或不牢固的物件上。

解析答案：正确

见《国家电网有限公司电力安全工器具管理规定》[国网（安监/4）289-2022]附录6

107. 速差自控器应连接在人体前胸或后背的安全带挂点上，禁止移动。

解析答案：错误

改正： 速差自控器应连接在人体前胸或后背的安全带挂点上，移动时应缓慢，禁止跳跃。

见《国家电网有限公司电力安全工器具管理规定》[国网（安监/4）289-2022]附录6

108. 速差自控器使用时不需添加任何润滑剂。

解析答案：正确

见《国家电网有限公司电力安全工器具管理规定》[国网（安监/4）289-2022]附录6

109. 导轨自锁器整体不应采用铸造工艺制造。

解析答案：正确

见《国家电网有限公司电力安全工器具管理规定》[国网（安监/4）289-2022]附录6

110. 缓冲器可以多个串联使用。

解析答案：错误

改正：缓冲器禁止多个串联使用。

见《国家电网有限公司电力安全工器具管理规定》[国网（安监/4）289-2022]附录6

111. 缓冲器与安全带、安全绳连接应使用连接器，严禁绑扎使用。

解析答案：正确

见《国家电网有限公司电力安全工器具管理规定》[国网（安监/4）289-2022]附录6

112. 平网不应用作堆放物品的场所，但可以作为人员通道。

解析答案：错误

改正：平网不应用作堆放物品的场所，也不应作为人员通道。

见《国家电网有限公司电力安全工器具管理规定》[国网（安监/4）289-2022]附录6

113. 焊接作业应尽量远离安全网，应避免焊接火花落入网中。

解析答案：正确

见《国家电网有限公司电力安全工器具管理规定》[国网（安监/4）289-

2022〕附录6

114. 作业人员穿戴静电防护服，各部分应绝缘良好。

解析答案：错误

改正： 作业人员穿戴静电防护服，各部分应连接良好。

见《国家电网有限公司电力安全工器具管理规定》[国网（安监/4）289-2022〕附录6

115. 作业人员在进入带电弧环境中，应务必穿戴好防电弧服。

解析答案：错误

改正： 作业人员在进入带电弧环境中，应务必穿戴好防电弧服及其他的配套设备。

见《国家电网有限公司电力安全工器具管理规定》[国网（安监/4）289-2022〕附录6

116. 损坏的个人电弧防护用品应报废。

解析答案：错误

改正： 损坏并无法修补的个人电弧防护用品应报废。

见《国家电网有限公司电力安全工器具管理规定》[国网（安监/4）289-2022〕附录6

117. 屏蔽服装的上衣与手套、裤子与袜子每端分别各有两个连接头。

解析答案：错误

改正： 屏蔽服装的上衣与手套、裤子与袜子每端分别各有一个连接头。

见《国家电网有限公司电力安全工器具管理规定》[国网（安监/4）289-2022〕附录6

118. 地电位作业人员应在衣服外面穿合格的全套屏蔽服装。

解析答案：错误

改正： 等电位作业人员应在衣服外面穿合格的全套屏蔽服装。

见《国家电网有限公司电力安全工器具管理规定》[国网（安监/4）289-2022〕附录6

119. 应明确耐酸手套的防护范围，不可超范围使用。

解析答案：正确

见《国家电网有限公司电力安全工器具管理规定》[国网（安监/4）289-2022]附录6

120. 耐酸靴可使用于浓度较高的酸作业场所。

解析答案：错误

改正： 耐酸靴只能使用于一般浓度较低的酸作业场所。

见《国家电网有限公司电力安全工器具管理规定》[国网（安监/4）289-2022]附录6

121. 导电鞋（防静电鞋）外表面应无破损。

解析答案：错误

改正： 导电鞋（防静电鞋）内、外表面应无破损。

见《国家电网有限公司电力安全工器具管理规定》[国网（安监/4）289-2022]附录6

122. 防静电鞋能当绝缘鞋使用。

解析答案：错误

改正： 禁止将防静电鞋当绝缘鞋使用。

见《国家电网有限公司电力安全工器具管理规定》[国网（安监/4）289-2022]附录6

123. 在220kV以上电压等级的带电线路杆塔上及变电站构架上作业时，应穿导电鞋（防静电鞋）。

解析答案：错误

改正： 在220kV及以上电压等级的带电线路杆塔上及变电站构架上作业时，应穿导电鞋（防静电鞋）。

见《国家电网有限公司电力安全工器具管理规定》[国网（安监/4）289-2022]附录6

124. 个人保安线的汇流夹应由 T2 铜制成，压接后应无裂纹，与保安线连接牢固。

解析答案：错误

改正： 个人保安线的汇流夹应由 T3 或 T2 铜制成，压接后应无裂纹，与保安线连接牢固。

见《国家电网有限公司电力安全工器具管理规定》[国网（安监 /4）289-2022]附录 6

125. 个人保安线应采用线鼻与操作手柄相连接。

解析答案：错误

改正： 个人保安线应采用线鼻与线夹相连接。

见《国家电网有限公司电力安全工器具管理规定》[国网（安监 /4）289-2022]附录 6

126. 只有在工作相上挂上个人保安线后，方可装设工作接地线。

解析答案：错误

改正： 只有在工作接地线挂好后，方可在工作相上挂个人保安线。

见《国家电网有限公司电力安全工器具管理规定》[国网（安监 /4）289-2022]附录 6

127. SF_6 气体检漏仪仪器连接可靠，各旋钮应能正常调节。

解析答案：正确

见《国家电网有限公司电力安全工器具管理规定》[国网（安监 /4）289-2022]附录 6

128. SF_6 气体检漏仪仪器在带电情况下允许给真空泵换油。

解析答案：错误

改正： 给真空泵换油时，仪器不得带电（要拔掉电源线），以免发生触电事故。

见《国家电网有限公司电力安全工器具管理规定》[国网（安监 /4）289-2022]附录 6

129. 如防火服和化学品接触，或发现有气泡现象，则应清洗表面。

解析答案：错误

改正： 如防火服和化学品接触，或发现有气泡现象，则应清洗整个表面。

见《国家电网有限公司电力安全工器具管理规定》[国网（安监/4）289-2022]附录6

130. 电容型验电器的伸缩型绝缘杆各节配合合理，拉伸后应自动回缩。

解析答案：错误

改正： 电容型验电器的伸缩型绝缘杆各节配合合理，拉伸后不应自动回缩。

见《国家电网有限公司电力安全工器具管理规定》[国网（安监/4）289-2022]附录6

131. 电容型验电器的手柄与指示器的连接应紧密牢固。

解析答案：错误

改正： 电容型验电器的手柄与绝缘杆、绝缘杆与指示器的连接应紧密牢固。

见《国家电网有限公司电力安全工器具管理规定》[国网（安监/4）289-2022]附录6

132. 电容型验电器的规格必须符合被操作设备的电压等级，使用验电器时，应轻拿轻放。

解析答案：正确

见《国家电网有限公司电力安全工器具管理规定》[国网（安监/4）289-2022]附录6

133. 电容型验电器操作时，应戴绝缘手套，穿绝缘鞋。

解析答案：错误

改正： 电容型验电器操作时，应戴绝缘手套，穿绝缘靴。

见《国家电网有限公司电力安全工器具管理规定》[国网（安监/4）289-2022]附录6

134. 电容型验电器不得在雷、雨、雪等恶劣天气时使用。

解析答案：错误

改正：非雨雪型电容型验电器不得在雷、雨、雪等恶劣天气时使用。

见《国家电网有限公司电力安全工器具管理规定》[国网（安监/4）289-2022] 附录6

135. 经验明确无电压后，应装设接地线并三相短路。

解析答案：错误

改正：经验明确无电压后，应立即装设接地线并三相短路。

见《国家电网有限公司电力安全工器具管理规定》[国网（安监/4）289-2022] 附录6

136. 绝缘杆手持部分护套与操作杆连接紧密、无破损，不产生相对滑动或移动。

解析答案：错误

改正：绝缘杆手持部分护套与操作杆连接紧密、无破损，不产生相对滑动或转动。

见《国家电网有限公司电力安全工器具管理规定》[国网（安监/4）289-2022] 附录6

137. 绝缘杆操作者的手握部位不得越过护环，以保持有效的绝缘长度，并注意防止绝缘操作杆被设备短接。

解析答案：错误

改正：操作者的手握部位不得越过护环，以保持有效的绝缘长度，并注意防止绝缘操作杆被人体或设备短接。

见《国家电网有限公司电力安全工器具管理规定》[国网（安监/4）289-2022] 附录6

138. 在使用绝缘操作杆拉合隔离开关和断路器时，均应戴绝缘手套。

解析答案：错误

改正：在使用绝缘操作杆拉合隔离开关或经传动机构拉合隔离开关和断路器时，均应戴绝缘手套。

见《国家电网有限公司电力安全工器具管理规定》[国网（安监/4）289-

2022〕附录6

139. 雨天在户外操作电气设备时，绝缘操作杆的绝缘部分应有防雨罩。

解析答案：正确

见《国家电网有限公司电力安全工器具管理规定》〔国网（安监/4）289-2022〕附录6

140. 核相器的指示器表面应清洁、光滑，无划痕及硬伤。

解析答案：错误

改正： 绝缘杆内外表面应清洁、光滑，无划痕及硬伤。

见《国家电网有限公司电力安全工器具管理规定》〔国网（安监/4）289-2022〕附录6

141. 使用核相器时，应轻拿轻放。

解析答案：正确

见《国家电网有限公司电力安全工器具管理规定》〔国网（安监/4）289-2022〕附录6

142. 绝缘遮蔽罩外表面不应存在破坏其均匀性、损坏表面光滑轮廓的缺陷。

解析答案：错误

改正： 绝缘遮蔽罩内外表面不应存在破坏其均匀性、损坏表面光滑轮廓的缺陷。

见《国家电网有限公司电力安全工器具管理规定》〔国网（安监/4）289-2022〕附录6

143. 现场带电安放绝缘遮蔽罩时，应按要求穿戴绝缘防护用具。

解析答案：正确

见《国家电网有限公司电力安全工器具管理规定》〔国网（安监/4）289-2022〕附录6

144. 如在断路器动、静触头之间放置绝缘隔板时，应使用绝缘棒。

解析答案：错误

改正： 如在隔离开关动、静触头之间放置绝缘隔板时，应使用绝缘棒。

见《国家电网有限公司电力安全工器具管理规定》[国网（安监/4）289-2022]附录6

146. 绝缘隔板在放置和使用中要防止脱落，必要时可用绳索将其固定并保证牢靠。

解析答案：错误

改正： 绝缘隔板在放置和使用中要防止脱落，必要时可用绝缘绳索将其固定并保证牢靠。

见《国家电网有限公司电力安全工器具管理规定》[国网（安监/4）289-2022]附录6

146. 检查绝缘夹钳的钳口动作灵活，应无卡阻现象。

解析答案：正确

见《国家电网有限公司电力安全工器具管理规定》[国网（安监/4）289-2022]附录6

147. 绝缘服装的外表面应完好无损、均匀光滑，无小孔、局部隆起、夹杂异物、折缝、空隙等。

解析答案：错误

改正： 绝缘服装内、外表面均应完好无损、均匀光滑，无小孔、局部隆起、夹杂异物、折缝、空隙等。

见《国家电网有限公司电力安全工器具管理规定》[国网（安监/4）289-2022]附录6

148. 带电作业用绝缘手套应避免尖锐物体刺、划。

解析答案：正确

见《国家电网有限公司电力安全工器具管理规定》[国网（安监/4）289-2022]附录6

149. 带电作业用绝缘硬梯的金属连接件无变形，防护层完整，活动部件灵活。

解析答案：错误

改正： 带电作业用绝缘硬梯的金属连接件无目测可见的变形，防护层完整，活动部件灵活。

见《国家电网有限公司电力安全工器具管理规定》[国网（安监/4）289-2022]附录6

150. 梯子使用高度超过 5m，请务必在梯子中部设立 ϕ8mm 以上拉线。

解析答案：错误

改正：梯子使用高度超过 5m，请务必在梯子中上部设立 ϕ8mm 以上拉线。

见《国家电网有限公司电力安全工器具管理规定》[国网（安监/4）289-2022]附录6

151. 绝缘托瓶架的各部件应完整，杆、段、架间连接牢固，无松动、锈蚀及断裂等现象。

解析答案：错误

改正：绝缘托瓶架的各部件应完整，杆、段、板间连接牢固，无松动、锈蚀及断裂等现象。

见《国家电网有限公司电力安全工器具管理规定》[国网（安监/4）289-2022]附录6

152. 绝缘绳的单丝接头应封闭于绳股内部，不得露在外面。

解析答案：正确

见《国家电网有限公司电力安全工器具管理规定》[国网（安监/4）289-2022]附录6

153. 绝缘绳的股绳其捻距在其全长上应均匀。

解析答案：错误

改正：绝缘绳的股绳和股线其捻距及纬线在其全长上应均匀。

见《国家电网有限公司电力安全工器具管理规定》[国网（安监/4）289-2022]附录6

154. 使用时，绝缘绳（绳索类工具）严禁与酸、碱物质接触。

解析答案：错误

改正：使用时，绝缘绳（绳索类工具）严禁与强酸、强碱物质接触。

见《国家电网有限公司电力安全工器具管理规定》[国网（安监/4）289-

2022〕附录6

155. 可根据绝缘绳使用频度和状况，并考虑到电气化学和环境储存等因素可能造成的老化，确定绝缘绳（绳索类工具）的使用周期。

解析答案：错误

改正： 可根据绝缘绳使用频度和状况，并考虑到电气化学和环境储存等因素可能造成的老化，确定绝缘绳（绳索类工具）的使用年限。

见《国家电网有限公司电力安全工器具管理规定》〔国网（安监/4）289-2022〕附录6

156. 绝缘软梯的内、外股线的节距应匀称。

解析答案：错误

改正： 绝缘软梯的内、外纬线的节距应匀称。

见《国家电网有限公司电力安全工器具管理规定》〔国网（安监/4）289-2022〕附录6

157. 绝缘软梯的绳索和绳股应连续而无捻合。

解析答案：错误

改正： 绝缘软梯的绳索和绳股应连续而无捻接。

见《国家电网有限公司电力安全工器具管理规定》〔国网（安监/4）289-2022〕附录6

158. 绝缘软梯的绳扣接头应从绳索套扣上端开始，且每绳股应连续镶嵌5道。

解析答案：错误

改正： 绝缘软梯的绳扣接头应从绳索套扣下端开始，且每绳股应连续镶嵌5道。

见《国家电网有限公司电力安全工器具管理规定》〔国网（安监/4）289-2022〕附录6

159. 绝缘软梯的金属心形与边绳的连接应牢固、平服。

解析答案：错误

改正： 绝缘软梯的环形绳与边绳的连接应牢固、平服。

见《国家电网有限公司电力安全工器具管理规定》[国网（安监/4）289-2022]附录6

160. 横蹬应紧密牢固地固定在两边绳上，不得有横向歪斜现象。

解析答案：错误

改正： 横蹬应紧密牢固地固定在两边绳上，不得有横向滑移的现象。

见《国家电网有限公司电力安全工器具管理规定》[国网（安监/4）289-2022]附录6

161. 金属心形环镶嵌在绳索内应紧密无松动。

解析答案：错误

改正： 金属心形环镶嵌在绳索套扣内应紧密无松动。

见《国家电网有限公司电力安全工器具管理规定》[国网（安监/4）289-2022]附录6

162. 带电作业用绝缘滑车的轴、吊钩（环）、梁、侧板等不得有裂纹和细微的变形。

解析答案：错误

改正： 带电作业用绝缘滑车的轴、吊钩（环）、梁、侧板等不得有裂纹和显著的变形。

见《国家电网有限公司电力安全工器具管理规定》[国网（安监/4）289-2022]附录6

163. 检查带电作业用绝缘滑车的槽底所附材料完整，与轮毂粘结牢固。

解析答案：正确

见《国家电网有限公司电力安全工器具管理规定》[国网（安监/4）289-2022]附录6

164. 绝缘滑车不准拴在不牢固的结构物上。

解析答案：正确

见《国家电网有限公司电力安全工器具管理规定》[国网（安监/4）289-2022]附录6

165. 使用开门绝缘滑车时，应将开门吊钩扣紧，防止绳索自动跑出。

解析答案：错误

改正： 使用开门绝缘滑车时，应将开门勾环扣紧，防止绳索自动跑出。

见《国家电网有限公司电力安全工器具管理规定》[国网（安监/4）289-2022]附录6

166. 辅助型绝缘手套应质地柔软良好，外表面均应平滑、完好无损。

解析答案：错误

改正： 辅助型绝缘手套应质地柔软良好，内外表面均应平滑、完好无损。

见《国家电网有限公司电力安全工器具管理规定》[国网（安监/4）289-2022]附录6

167. 穿用电绝缘皮鞋和电绝缘布面胶鞋时，其工作环境应能保持鞋面清洁。

解析答案：错误

改正： 穿用电绝缘皮鞋和电绝缘布面胶鞋时，其工作环境应能保持鞋面干燥。

见《国家电网有限公司电力安全工器具管理规定》[国网（安监/4）289-2022]附录6

168. 穿用绝缘靴时，应将裤管套入靴筒内。

解析答案：正确

见《国家电网有限公司电力安全工器具管理规定》[国网（安监/4）289-2022]附录6

169. 辅助型绝缘胶垫的上表面应不存在有害的不规则性。

解析答案：错误

改正： 辅助型绝缘胶垫的上下表面应不存在有害的不规则性。

见《国家电网有限公司电力安全工器具管理规定》[国网（安监/4）289-2022]附录6

170. 操作时，绝缘胶垫应避免尖锐物体刺、划。

解析答案：正确

见《国家电网有限公司电力安全工器具管理规定》[国网（安监/4）289-2022］附录6

171. 脚扣的小爪连接牢固，活动灵活。

解析答案：正确

见《国家电网有限公司电力安全工器具管理规定》[国网（安监/4）289-2022］附录6

172. 不得从高处往下扔摔脚扣。

解析答案：错误

改正：严禁从高处往下扔摔脚扣。

见《国家电网有限公司电力安全工器具管理规定》[国网（安监/4）289-2022］附录6

173. 升降板的踏板宽面上不应有节子。

解析答案：错误

改正：升降板的踏板窄面上不应有节子。

见《国家电网有限公司电力安全工器具管理规定》[国网（安监/4）289-2022］附录6

174. 升降板的插花与踏板间应套接紧密。

解析答案：错误

改正：升降板的绳扣与踏板间应套接紧密。

见《国家电网有限公司电力安全工器具管理规定》[国网（安监/4）289-2022］附录6

175. 升降板（登高板）的挂钩钩口应朝下，严禁反向。

解析答案：错误

改正：升降板（登高板）的挂钩钩口应朝上，严禁反向。

见《国家电网有限公司电力安全工器具管理规定》[国网（安监/4）289-2022］附录6

176. 铝合金折梯铰链牢固，开闭灵活，无松动。

解析答案：正确

见《国家电网有限公司电力安全工器具管理规定》[国网（安监/4）289-2022]附录6

177. 竹木梯梯梁的宽面不应有节子。

解析答案：错误

改正：竹木梯梯梁的窄面不应有节子。

见《国家电网有限公司电力安全工器具管理规定》[国网（安监/4）289-2022]附录6

178. 竹木梯踏板宽面上不应有节子。

解析答案：错误

改正：竹木梯踏板窄面上不应有节子。

见《国家电网有限公司电力安全工器具管理规定》[国网（安监/4）289-2022]附录6

179. 单梯在距梯顶1m处应设限高标志。

解析答案：正确

见《国家电网有限公司电力安全工器具管理规定》[国网（安监/4）289-2022]附录6

180. 梯子可以接长使用，但不能垫高使用。

解析答案：错误

改正：梯子不得接长或垫高使用。

见《国家电网有限公司电力安全工器具管理规定》[国网（安监/4）289-2022]附录6

181. 工作人员必须在距梯顶0.5m以下的梯蹬上工作。

解析答案：错误

改正：工作人员必须在距梯顶1m以下的梯蹬上工作。

见《国家电网有限公司电力安全工器具管理规定》[国网（安监/4）289-2022]附录6

182. 人字梯应具有坚固的拉链和限制开度的铰链。

解析答案：错误

改正：人字梯应具有坚固的铰链和限制开度的拉链。

见《国家电网有限公司电力安全工器具管理规定》［国网（安监/4）289-2022］附录6

183. 靠在墙上使用梯子时，其上端需用挂钩挂住或用绳索绑牢。

解析答案：错误

改正：靠在管子上、导线上使用梯子时，其上端需用挂钩挂住或用绳索绑牢。

见《国家电网有限公司电力安全工器具管理规定》［国网（安监/4）289-2022］附录6

184. 梯子不准放在门前使用，必要时采取防止门突然开启的措施。

解析答案：正确

见《国家电网有限公司电力安全工器具管理规定》［国网（安监/4）289-2022］附录6

185. 在变电站高压设备区或高压室内应使用绝缘材料的梯子，禁止使用金属梯子。搬动梯子时，应两人搬运，并与带电部分保持安全距离。

解析答案：错误

改正：在变电站高压设备区或高压室内应使用绝缘材料的梯子，禁止使用金属梯子。搬动梯子时，应放倒两人搬运，并与带电部分保持安全距离。

见《国家电网有限公司电力安全工器具管理规定》［国网（安监/4）289-2022］附录6

186. 软梯单丝接头应封闭于绳股内部，不得露在外面。

解析答案：正确

见《国家电网有限公司电力安全工器具管理规定》［国网（安监/4）289-2022］附录6

187. 在转动横担的线路上挂梯时应将横担固定。

解析答案：错误

改正：在转动横担的线路上挂梯前应将横担固定。

见《国家电网有限公司电力安全工器具管理规定》［国网（安监/4）289-

2022〕附录 6

188. 快装脚手架的底脚应能调节高低且有效锁止，轮脚均应具有刹车功能，刹车前，脚轮中心应与立杆同轴。

解析答案：错误

改正： 底脚应能调节高低且有效锁止，轮脚均应具有刹车功能，刹车后，脚轮中心应与立杆同轴。

见《国家电网有限公司电力安全工器具管理规定》〔国网（安监 /4）289-2022〕附录 6

189. 在使用前，全面检查已搭建好的脚手架，保证脚手架的作业面没有任何损坏。

解析答案：错误

改正： 在使用前，全面检查已搭建好的脚手架，保证脚手架的零件没有任何损坏。

见《国家电网有限公司电力安全工器具管理规定》〔国网（安监 /4）289-2022〕附录 6

190. 当脚手架平台上有人和物品时，不要调整脚手架。

解析答案：错误

改正： 当脚手架平台上有人和物品时，不要移动或调整脚手架。

见《国家电网有限公司电力安全工器具管理规定》〔国网（安监 /4）289-2022〕附录 6

191. 检修平台供操作人员站立、攀登的所有作业面应具有防滑功能。

解析答案：正确

见《国家电网有限公司电力安全工器具管理规定》〔国网（安监 /4）289-2022〕附录 6

192. 升降型检修平台作业面上方不低于 1m 的位置应配置安全带或防坠器的悬挂装置，平台上方 1050 ~ 1200mm 处应设置防护栏。

解析答案：错误

改正： 梯台型检修平台作业面上方不低于 1m 的位置应配置安全带或防坠

器的悬挂装置，平台上方 1050 ~ 1200mm 处应设置防护栏。

见《国家电网有限公司电力安全工器具管理规定》[国网（安监/4）289-2022］附录6

193.升降型检修平台的复合材料构件表面应光滑，绝缘部分应无气泡、皱纹、裂纹、绝缘层脱落、明显的机械或电灼伤痕。

解析答案：正确

见《国家电网有限公司电力安全工器具管理规定》[国网（安监/4）289-2022］附录6

194.收工后应在安全工器具领出、收回记录中详细记录检修平台编号、领出和收回时间、使用者姓名、检查是否完好等内容。

解析答案：错误

改正：出工前、收工后应在安全工器具领出、收回记录中详细记录检修平台编号、领出和收回时间、使用者姓名、检查是否完好等内容。

见《国家电网有限公司电力安全工器具管理规定》[国网（安监/4）289-2022］附录6

195.橡胶塑料类安全工器具应存放在干燥、通风、避光的环境下，存放时离开地面和墙壁 20cm 及以上。

解析答案：错误

改正：橡胶塑料类安全工器具应存放在干燥、通风、避光的环境下，存放时离开地面和墙壁 20cm 以上。

见《国家电网有限公司电力安全工器具管理规定》[国网（安监/4）289-2022］附录7

196.橡胶塑料类安全工器具应存放在干燥、通风、避光的环境下，存放时离开发热源 1m 及以上。

解析答案：错误

改正：橡胶塑料类安全工器具应存放在干燥、通风、避光的环境下，存放时离开发热源 1m 以上。

见《国家电网有限公司电力安全工器具管理规定》[国网（安监/4）289-2022］附录7

197. 防毒面具应存放在干燥、通风，无酸、碱、溶剂等物质的库房内，严禁挤压。

解析答案：错误

改正： 防毒面具应存放在干燥、通风，无酸、碱、溶剂等物质的库房内，严禁重压。

见《国家电网有限公司电力安全工器具管理规定》[国网（安监/4）289-2022]附录7

198. 防止紫外线照射防电弧服。

解析答案：错误

改正： 防止紫外线长时间照射防电弧服。

见《国家电网有限公司电力安全工器具管理规定》[国网（安监/4）289-2022]附录7

199. 橡胶和塑料制成的耐酸服不宜用热水洗涤、熨烫，避免接触明火。

解析答案：错误

改正： 合成纤维类耐酸服不宜用热水洗涤、熨烫，避免接触明火。

见《国家电网有限公司电力安全工器具管理规定》[国网（安监/4）289-2022]附录7

200. 合成纤维类耐酸服存放时应注意避免接触高温，用后清洗晾干，避免暴晒，长期保存应撒上滑石粉以防粘连。

解析答案：错误

改正： 橡胶和塑料制成的耐酸服存放时应注意避免接触高温，用后清洗晾干，避免暴晒，长期保存应撒上滑石粉以防粘连。

见《国家电网有限公司电力安全工器具管理规定》[国网（安监/4）289-2022]附录7

201. 绝缘手套不允许放在冷、热、阳光斜射和有酸、碱、药品的地方，以防胶质老化，降低绝缘性能。

解析答案：错误

改正： 绝缘手套不允许放在过冷、过热、阳光直射和有酸、碱、药品的地方，以防胶质老化，降低绝缘性能。

见《国家电网有限公司电力安全工器具管理规定》[国网（安监/4）289-2022]附录7

202. 橡胶、塑料类等耐酸手套长期不用可撒涂大量滑石粉，以免发生粘连。

解析答案：错误

改正： 橡胶、塑料类等耐酸手套长期不用可撒涂少量滑石粉，以免发生粘连。

见《国家电网有限公司电力安全工器具管理规定》[国网（安监/4）289-2022]附录7

203. 当绝缘垫（毯）脏污时，可对其用肥皂进行清洗。

解析答案：错误

改正： 当绝缘垫（毯）脏污时，可在不超过制造厂家推荐的水温下对其用肥皂进行清洗。

见《国家电网有限公司电力安全工器具管理规定》[国网（安监/4）289-2022]附录7

204. 防静电鞋和导电鞋应保持清洁。刷洗时要用软毛刷、软布蘸酒精或洗涤剂。

解析答案：错误

改正： 防静电鞋和导电鞋应保持清洁。刷洗时要用软毛刷、软布蘸酒精或不含酸、碱的中性洗涤剂。

见《国家电网有限公司电力安全工器具管理规定》[国网（安监/4）289-2022]附录7

205. 绝缘遮蔽罩使用后应擦拭干净，装入包装袋内，放置于清洁、干燥通风的专用柜内。

解析答案：错误

改正： 绝缘遮蔽罩使用后应擦拭干净，装入包装袋内，放置于清洁、干燥通风的架子或专用柜内。

见《国家电网有限公司电力安全工器具管理规定》[国网（安监/4）289-2022]附录7

206. 绝缘隔板应统一编号，存放在室内干燥通风、离地面 200mm 以上一般的工具架上或柜内。

解析答案：错误

改正：绝缘隔板应统一编号，存放在室内干燥通风、离地面 200mm 以上专用的工具架上或柜内。

见《国家电网有限公司电力安全工器具管理规定》[国网（安监/4）289-2022] 附录 7

207. 接地线不用时将软铜线盘好，存放在干燥室内，宜存放在专用柜内。

解析答案：错误

改正：接地线不用时将软铜线盘好，存放在干燥室内，宜存放在专用架上。

见《国家电网有限公司电力安全工器具管理规定》[国网（安监/4）289-2022] 附录 7

208. 安全绳每次使用后应检查，并进行清洗。

解析答案：错误

改正：安全绳每次使用后应检查，并定期清洗。

见《国家电网有限公司电力安全工器具管理规定》[国网（安监/4）289-2022] 附录 7

209. 静电防护服装应保持清洁，保持防静电性能，使用后用软毛刷、软布蘸中性洗涤剂刷洗，不可损伤服料纤维。

解析答案：正确

见《国家电网有限公司电力安全工器具管理规定》[国网（安监/4）289-2022] 附录 7

210. 整箱包装时，避免屏蔽服装受潮。

解析答案：错误

改正：整箱包装时，避免屏蔽服装受重压。

见《国家电网有限公司电力安全工器具管理规定》[国网（安监/4）289-2022] 附录 7

211. 电力安全工器具库房净空高度宜大于 2.7m。

解析答案：正确

见《国家电网有限公司电力安全工器具管理规定》[国网（安监/4）289-2022]附录8

212. 电力安全工器具库房内的过渡区，可以作为安全工器具的保养、整理和存放区域。

解析答案：错误

改正： 电力安全工器具库房内的过渡区，可以作为安全工器具的保养、整理和暂存区域。

见《国家电网有限公司电力安全工器具管理规定》[国网（安监/4）289-2022]附录8

213. 电力安全工器具库房门上应设置标识牌。

解析答案：错误

改正： 电力安全工器具库房外墙应设置标识牌。

见《国家电网有限公司电力安全工器具管理规定》[国网（安监/4）289-2022]附录8

214. 借用（归还）电力安全工器具时，应进行外观检查、扫码登记，经库房管理人员确认后可以出（入）库。

解析答案：正确

见《国家电网有限公司电力安全工器具管理规定》[国网（安监/4）289-2022]附录8

215. 电力安全工器具库房所在专业室、班组或供电所，应将库房环境状态、测控及信息系统运行状况，纳入日常运维范围。

解析答案：正确

见《国家电网有限公司电力安全工器具管理规定》[国网（安监/4）289-2022]附录8

216. "禁止合闸，有人工作！"标示牌的字样是红底白字。

解析答案：正确

见《国家电网公司电力安全工作规程 线路部分》（Q/GDW 1799.2—2013）附录 J

217."禁止合闸，线路有人工作！"标示牌的字样是红底黑字。

解析答案：错误

改正："禁止合闸，线路有人工作！"标示牌的字样是红底白字。

见《国家电网公司电力安全工作规程 线路部分》（Q/GDW 1799.2—2013）附录 J

218."禁止分闸！"标示牌的字样是红底黑字。

解析答案：错误

改正："禁止分闸！"标示牌的字样是红底白字。

见《国家电网公司电力安全工作规程 线路部分》（Q/GDW 1799.2—2013）附录 J

219."在此工作！"标示牌的字样是红底白字。

解析答案：错误

改正："在此工作！"标示牌的字样是黑字，写于白圆圈中。

见《国家电网公司电力安全工作规程 线路部分》（Q/GDW 1799.2—2013）附录 J

220."止步，高压危险！"标示牌的字样是红底白字。

解析答案：错误

改正："止步，高压危险！"标示牌的字样是黑字。

见《国家电网公司电力安全工作规程 线路部分》（Q/GDW 1799.2—2013）附录 J

221."从此上下！"标示牌的字样是黑字。

解析答案：错误

改正："从此上下！"标示牌的字样是黑字，写于白圆圈中。

见《国家电网公司电力安全工作规程 线路部分》（Q/GDW 1799.2—2013）附录 J

222. "从此进出！"标示牌的字样是黑体黑字。

解析答案：错误

改正："从此进出！"标示牌的字样是黑体黑字，写于白圆圈中。

见《国家电网公司电力安全工作规程　线路部分》（Q/GDW 1799.2—2013）附录 J

223. "禁止攀登，高压危险！"标示牌的字样是红底白字。

解析答案：正确

见《国家电网公司电力安全工作规程　线路部分》（Q/GDW 1799.2—2013）附录 J

224. 电容型验电器的启动电压试验周期是 2 年。

解析答案：错误

改正：电容型验电器的启动电压试验周期是 1 年。

见《国家电网公司电力安全工作规程　线路部分》（Q/GDW 1799.2—2013）附录 L

225. 电容型验电器的工频耐压试验周期是半年。

解析答案：错误

改正：电容型验电器的工频耐压试验周期是 1 年。

见《国家电网公司电力安全工作规程　线路部分》（Q/GDW 1799.2—2013）附录 L

226. 电容型验电器启动电压中的启动电压值不低于额定电压的 15%。

解析答案：正确

见《国家电网公司电力安全工作规程　线路部分》（Q/GDW 1799.2—2013）附录 L

227. 电容型验电器启动电压中的启动电压值不高于额定电压的 50%。

解析答案：错误

改正：电容型验电器启动电压中的启动电压值不高于额定电压的 40%。

见《国家电网公司电力安全工作规程　线路部分》（Q/GDW 1799.2—2013）附录 L

228. 携带型短路接地线成组直流电阻试验周期为 6 年。

解析答案：错误

改正：携带型短路接地线成组直流电阻试验周期不超过 5 年。

见《国家电网公司电力安全工作规程 线路部分》（Q/GDW 1799.2—2013）附录 L

229. 携带型短路接地线成组直流电阻试验同一批次抽测，不少于 3 条，接线鼻与软导线压接的应做该试验。

解析答案：错误

改正：携带型短路接地线成组直流电阻试验同一批次抽测，不少于 2 条，接线鼻与软导线压接的应做该试验。

见《国家电网公司电力安全工作规程 线路部分》（Q/GDW 1799.2—2013）附录 L

230. 携带型短路接地线进行的操作棒工频耐压试验周期应不超过 3 年。

解析答案：错误

改正：携带型短路接地线进行的操作棒工频耐压试验周期为 5 年。

见《国家电网公司电力安全工作规程 线路部分》（Q/GDW 1799.2—2013）附录 L

231. 个人保安线进行成组直流电阻试验时，同一批次抽测，不少于 2 条。

解析答案：正确

见《国家电网公司电力安全工作规程 线路部分》（Q/GDW 1799.2—2013）附录 L

232. 个人保安线进行成组直流电阻试验周期不超过 3 年。

解析答案：错误

改正：个人保安线进行成组直流电阻试验周期不超过 5 年。

见《国家电网公司电力安全工作规程 线路部分》（Q/GDW 1799.2—2013）附录 L

233. 核相器连接导线绝缘强度试验周期为 1 年。

解析答案：错误

改正：核相器连接导线绝缘强度试验周期为必要时。

见《国家电网公司电力安全工作规程　线路部分》（Q/GDW 1799.2—2013）附录 L

234. 核相器绝缘部分工频耐压试验周期为半年。

解析答案：错误

改正：核相器绝缘部分工频耐压试验周期为 1 年。

见《国家电网公司电力安全工作规程　线路部分》（Q/GDW 1799.2—2013）附录 L

235. 额定电压为 10kV 的核相器电阻管泄漏电流试验持续时间为 1min。

解析答案：正确

见《国家电网公司电力安全工作规程　线路部分》（Q/GDW 1799.2—2013）附录 L

236. 额定电压为 35kV 的核相器电阻管泄漏电流试验持续时间为 2min。

解析答案：错误

改正：额定电压为 35kV 的核相器电阻管泄漏电流试验持续时间为 1min。

见《国家电网公司电力安全工作规程　线路部分》（Q/GDW 1799.2—2013）附录 L

237. 核相器动作电压试验周期为半年。

解析答案：错误

改正：核相器动作电压试验周期为 1 年。

见《国家电网公司电力安全工作规程　线路部分》（Q/GDW 1799.2—2013）附录 L

238. 绝缘罩工频耐压试验周期为半年。

解析答案：错误

改正：绝缘罩工频耐压试验周期为 1 年。

见《国家电网公司电力安全工作规程　线路部分》（Q/GDW 1799.2—2013）附录 L

239. 额定电压为 35kV 的绝缘罩工频耐压试验时间为 1min。

解析答案：正确

见《国家电网公司电力安全工作规程 线路部分》（Q/GDW 1799.2—2013）附录 L

240. 额定电压为 10kV 的绝缘隔板工频耐压试验持续时间是 2min。

解析答案：错误

改正：额定电压为 10kV 的绝缘隔板工频耐压试验持续时间是 1min。

见《国家电网公司电力安全工作规程 线路部分》（Q/GDW 1799.2—2013）附录 L

241. 电压等级为高压的绝缘胶垫工频耐压试验持续时间是 1min。

解析答案：正确

见《国家电网公司电力安全工作规程 线路部分》（Q/GDW 1799.2—2013）附录 L

242. 绝缘靴工频耐压试验周期是 1 年。

解析答案：错误

改正：绝缘靴工频耐压试验周期是半年。

见《国家电网公司电力安全工作规程 线路部分》（Q/GDW 1799.2—2013）附录 L

243. 绝缘手套工频耐压试验周期是 1 年。

解析答案：错误

改正：绝缘手套工频耐压试验周期是半年。

见《国家电网公司电力安全工作规程 线路部分》（Q/GDW 1799.2—2013）附录 L

244. 额定电压为 10kV 的绝缘夹钳工频耐压试验持续时间是 1min。

解析答案：正确

见《国家电网公司电力安全工作规程 线路部分》（Q/GDW 1799.2—2013）附录 L

245. 额定电压为 35kV 的绝缘夹钳工频耐压试验持续时间是 2min。

解析答案：错误

改正： 额定电压为 35kV 的绝缘夹钳工频耐压试验持续时间是 1min。

见《国家电网公司电力安全工作规程　线路部分》（Q/GDW 1799.2—2013）附录 L

246. 绝缘绳工频耐压试验中工频耐压值是 95kV。

解析答案：错误

改正： 绝缘绳工频耐压试验中工频耐压值是 105kV。

见《国家电网公司电力安全工作规程　线路部分》（Q/GDW 1799.2—2013）附录 L

247. 牛皮安全带静负荷试验周期是 1 年。

解析答案：错误

改正： 牛皮安全带静负荷试验周期是半年。

见《国家电网公司电力安全工作规程　线路部分》（Q/GDW 1799.2—2013）附录 M

248. 安全帽进行冲击性能试验时其受冲击力大于 4900N。

解析答案：错误

改正： 安全帽进行冲击性能试验时其受冲击力小于 4900N。

见《国家电网公司电力安全工作规程　线路部分》（Q/GDW 1799.2—2013）附录 M

249. 安全帽在使用期满后，该安全帽报废。

解析答案：错误

改正： 安全帽在使用期满后，抽查合格后该批方可继续使用，以后每年抽验一次。

见《国家电网公司电力安全工作规程　线路部分》（Q/GDW 1799.2—2013）附录 M

250. 脚扣静负荷试验周期是 1 年。

解析答案：正确

见《国家电网公司电力安全工作规程 线路部分》（Q/GDW 1799.2—2013）附录 M

251. 升降板静负荷试验周期是 1 年。

解析答案：错误

改正：升降板静负荷试验周期是半年。

见《国家电网公司电力安全工作规程 线路部分》（Q/GDW 1799.2—2013）附录 M

252. 竹梯静负荷试验周期是 1 年。

解析答案：错误

改正：竹梯静负荷试验周期是半年。

见《国家电网公司电力安全工作规程 线路部分》（Q/GDW 1799.2—2013）附录 M

253. 木梯静负荷试验周期是 1 年。

解析答案：错误

改正：木梯静负荷试验周期是半年。

见《国家电网公司电力安全工作规程 线路部分》（Q/GDW 1799.2—2013）附录 M

254. 软梯静负荷试验周期是 1 年。

解析答案：错误

改正：软梯静负荷试验周期是半年。

见《国家电网公司电力安全工作规程 线路部分》（Q/GDW 1799.2—2013）附录 M

255. 钩梯静负荷试验周期是 1 年。

解析答案：错误

改正：钩梯静负荷试验周期是半年。

见《国家电网公司电力安全工作规程 线路部分》（Q/GDW 1799.2—2013）附录 M

256. 防坠自锁器静荷试验周期是1年。

解析答案：正确

见《国家电网公司电力安全工作规程　线路部分》（Q/GDW 1799.2—2013）附录 M

257. 缓冲器静荷试验周期是半年。

解析答案：错误

改正： 缓冲器静荷试验周期是1年。

见《国家电网公司电力安全工作规程　线路部分》（Q/GDW 1799.2—2013）附录 M

258. 速差自控器静荷试验周期是半年。

解析答案：错误

改正： 速差自控器静荷试验周期是1年。

见《国家电网公司电力安全工作规程　线路部分》（Q/GDW 1799.2—2013）附录 M

四、填空题

1. 安全工器具管理遵循"_____、谁负责""谁使用、谁负责"的原则。

答案：谁主管

见《国家电网有限公司电力安全工器具管理规定》[国网（安监/4）289-2022]第一章第三条

2. 安全工器具应严格计划、采购、验收、试验、使用、保管、检查和_____等全过程管理。

答案：报废

见《国家电网有限公司电力安全工器具管理规定》[国网（安监/4）289-2022]第一章第三条

3. 国网安监部负责公司系统安全工器具的_____。

答案：归口管理

见《国家电网有限公司电力安全工器具管理规定》[国网（安监/4）289-2022]第二章第六条

4. 国网发展部负责将安全工器具购置更新、试验检测及相关设施建设等相关需求计划纳入_____统筹管理。

答案：综合计划

见《国家电网有限公司电力安全工器具管理规定》[国网（安监/4）289-2022]第二章第七条

5. 国网基建部负责_____安全工器具管理，确定配置标准并组织实施。

答案：输变电工程

见《国家电网有限公司电力安全工器具管理规定》[国网（安监/4）289-2022]第二章第七条

6. 班组应建立安全工器具管理台账，做到 _____ 相符，试验报告、检查记录齐全。

答案：账、卡、物

见《国家电网有限公司电力安全工器具管理规定》[国网（安监/4）289-2022]第二章第十五条

7. 班组负责开展安全工器具使用、保管培训，严格执行操作规定，正确使用安全工器具，严禁使用不合格或_____的安全工器具。

答案：超试验周期

见《国家电网有限公司电力安全工器具管理规定》[国网（安监/4）289-2022]第二章第十五条

8. 各级单位每年应根据国网公司统一下达的_____，结合工作实际申报安全工器具采购需求和资金计划。

答案：年度综合计划和预算

见《国家电网有限公司电力安全工器具管理规定》[国网（安监/4）289-2022]第三章第十六条

9. 验收包括实物清点和_____，有预防性试验要求的安全工器具应按照试验规程进行检验。

答案：功能检验

见《国家电网有限公司电力安全工器具管理规定》[国网（安监/4）289-2022]第三章第十九条

10. 新型安全工器具，应经_____检验合格，由地市级公司及以上单位专业部门组织认定，并经分管领导批准后，方可试用。

答案：有资质的检测机构

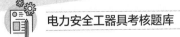

见《国家电网有限公司电力安全工器具管理规定》[国网（安监/4）289-2022]第三章第二十条

11. 安全工器具应由具有＿＿＿＿＿＿＿进行检验。

答案：资质的安全工器具检测机构（中心）

见《国家电网有限公司电力安全工器具管理规定》[国网（安监/4）289-2022]第四章第二十二条

12. 预防性试验可由经公司总部或省公司级单位、直属单位组织评审、认可，取得内部检验资质的检测机构（中心）实施，也可委托具有＿＿＿＿＿＿＿实施。

答案：国家认可资质（CMA）的安全工器具检测机构

见《国家电网有限公司电力安全工器具管理规定》[国网（安监/4）289-2022]第四章第二十二条

13. 安全工器具经预防性试验合格后，应由检测机构在合格的安全工器具上（不妨碍绝缘性能、使用性能且醒目的部位）牢固粘贴"合格证"标签或＿＿＿＿＿＿＿。

答案：电子标签

见《国家电网有限公司电力安全工器具管理规定》[国网（安监/4）289-2022]第四章第二十六条

14. 安全工器具经预防性试验合格后，应由检测机构出具＿＿＿＿＿＿＿。

答案：检测报告

见《国家电网有限公司电力安全工器具管理规定》[国网（安监/4）289-2022]第四章第二十六条

15. 使用保管单位应定期开展安全工器具＿＿＿＿＿＿＿，确保账、卡、物一致。

答案：清查盘点

见《国家电网有限公司电力安全工器具管理规定》[国网（安监/4）289-2022]第五章第二十七条

16. 新进员工 ＿＿＿＿＿＿＿＿应进行安全工器具使用方法培训。

答案：上岗前

见《国家电网有限公司电力安全工器具管理规定》[国网（安监/4）289-2022]第五章第二十八条

17. 安全工器具与其他物资材料、＿＿＿＿＿＿＿＿应分开存放。

答案：设备设施

见《国家电网有限公司电力安全工器具管理规定》[国网（安监/4）289-2022]第五章第二十八条

18. 不合格或超试验周期的应另外存放，做出＿＿＿＿＿＿＿＿标识，停止使用。

答案："禁用"

见《国家电网有限公司电力安全工器具管理规定》[国网（安监/4）289-2022]第五章第二十九条

19. 安全工器具的保管及存放，必须满足国家和行业标准，并符合＿＿＿＿＿＿＿＿要求。

答案：产品说明书

见《国家电网有限公司电力安全工器具管理规定》[国网（安监/4）289-2022]第五章第三十条

20. 个人使用的安全工器具，应由单位指定地点集中存放，使用者负责管理、维护和保养，班组＿＿＿＿＿＿＿＿不定期抽查使用维护情况。

答案：安全员

见《国家电网有限公司电力安全工器具管理规定》[国网（安监/4）289-2022]第五章第三十一条

21. 绝缘安全工器具应做好＿＿＿＿＿＿＿＿措施。

答案：防潮

见《国家电网有限公司电力安全工器具管理规定》[国网（安监/4）289-2022]第五章第三十二条

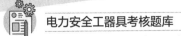

22. 使用中若发现产品质量、售后服务等不良问题，应及时报告_____和安全监督部门。

答案：物资部门

见《国家电网有限公司电力安全工器具管理规定》〔国网（安监/4）289-2022〕第五章第三十三条

23. 超过有效使用期限，不能达到有效_____指标的安全工器具应予以报废。

答案：防护功能

见《国家电网有限公司电力安全工器具管理规定》〔国网（安监/4）289-2022〕第六章第三十四条

24. 严禁使用_____的安全工器具。

答案：报废

见《国家电网有限公司电力安全工器具管理规定》〔国网（安监/4）289-2022〕第六章第三十五条

25. 报废的安全工器具应去除_____等标识。

答案："合格证"、电子标签

见《国家电网有限公司电力安全工器具管理规定》〔国网（安监/4）289-2022〕第六章第三十七条

26. 对发现不合格或_____的应隔离存放，做出"禁用"标识，停止使用。

答案：超试验周期

见《国家电网有限公司电力安全工器具管理规定》〔国网（安监/4）289-2022〕第七章第三十九条

27. 各级安监部门应对各类检查发现的安全工器具存在问题进行_____，查找原因，从管理上提出改进措施和要求，及时发布相关信息。

答案：统计分析

见《国家电网有限公司电力安全工器具管理规定》〔国网（安监/4）289-

2022〕第七章第四十一条

28. 对安全工器具使用和各类检查中及时发现问题和隐患、避免人身和设备事件的单位和人员，应予以_____。

答案：表扬和奖励

见《国家电网有限公司电力安全工器具管理规定》〔国网（安监/4）289-2022〕第七章第四十二条

29. 安全帽是对人头部受坠落物及其他特定因素引起的_____起防护作用。

答案：伤害

见《国家电网有限公司电力安全工器具管理规定》〔国网（安监/4）289-2022〕附录1

30. 防护眼镜是在进行检修工作、维护电气设备时，保护工作人员不受_____以及防止异物落入眼内的防护用具。

答案：电弧灼伤

见《国家电网有限公司电力安全工器具管理规定》〔国网（安监/4）289-2022〕附录1

31. 围杆作业安全带是通过围绕在固定构造物上的绳或带将人体绑定在固定构造物附近，使作业人员双手可以进行其他_____的安全带。

答案：操作

见《国家电网有限公司电力安全工器具管理规定》〔国网（安监/4）289-2022〕附录1

32. 坠落悬挂安全带是指高处作业或_____发生坠落时，将作业人员安全悬挂的安全带。

答案：登高人员

见《国家电网有限公司电力安全工器具管理规定》〔国网（安监/4）289-2022〕附录1

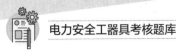

33. 连接器可以将两种或两种以上元件连接在一起、具有_____的环状零件。

答案：常闭活门

见《国家电网有限公司电力安全工器具管理规定》[国网（安监/4）289-2022]附录1

34. 导轨自锁器是附着在刚性或柔性导轨上，可随使用者的移动沿_____，因坠落动作引发制动的装置。

答案：导轨滑动

见《国家电网有限公司电力安全工器具管理规定》[国网（安监/4）289-2022]附录1

35. 缓冲器是串联在安全带系带和_____之间，发生坠落时吸收部分冲击能量、降低冲击力的装置。

答案：挂点

见《国家电网有限公司电力安全工器具管理规定》[国网（安监/4）289-2022]附录1

36. 安全网一般由网体、边绳及_____等构件组成。

答案：系绳

见《国家电网有限公司电力安全工器具管理规定》[国网（安监/4）289-2022]附录1

37. 耐酸服根据材料的性质不同分为透气型耐酸服和_____两类。

答案：不透气型耐酸服

见《国家电网有限公司电力安全工器具管理规定》[国网（安监/4）289-2022]附录1

38. SF_6 防护服包括连体防护服、SF_6 专用防毒面具、SF_6 专用滤毒缸、工作手套和_____等。

答案：工作鞋

见《国家电网有限公司电力安全工器具管理规定》[国网（安监/4）289-2022]附录1

39. 屏蔽服装由天然或合成材料制成，其内完整地编织有＿＿＿＿＿＿＿，用于防护工作人员等电位带电作业时受到电场影响。

答案：导电纤维

见《国家电网有限公司电力安全工器具管理规定》[国网（安监/4）289-2022]附录1

40. 导电鞋（防静电鞋）是由特种性能橡胶制成的，在220～500kV带电杆塔上及＿＿＿＿＿＿＿带电设备区非带电作业时为防止静电感应电压所穿用的鞋子。

答案：330～500kV

见《国家电网有限公司电力安全工器具管理规定》[国网（安监/4）289-2022]附录1

41. SF_6 气体检漏仪是用于＿＿＿＿＿＿＿维护时，测量 SF_6 气体含量的专用仪器。

答案：绝缘电气设备现场

见《国家电网有限公司电力安全工器具管理规定》[国网（安监/4）289-2022]附录1

42. SF_6 气体检漏仪是用于绝缘电气设备现场维护时，＿＿＿＿＿＿＿SF_6 气体含量的专用仪器。

答案：测量

见《国家电网有限公司电力安全工器具管理规定》[国网（安监/4）289-2022]附录1

43. 含氧量测试仪及有害气体检测仪是检测作业现场（如坑口、隧道等）氧气及有害气体含量、防止发生＿＿＿＿＿＿＿事故的仪器。

答案：中毒

见《国家电网有限公司电力安全工器具管理规定》[国网（安监/4）289-2022]附录1

44. 救生衣、救生圈等是用于＿＿＿＿＿＿＿作业时的救生装备。

答案：水上

见《国家电网有限公司电力安全工器具管理规定》[国网（安监/4）289-2022]附录1

45. 基本绝缘安全工器具是指能直接操作带电装置、接触或可能接触_____的工器具。

答案：带电体

见《国家电网有限公司电力安全工器具管理规定》[国网（安监/4）289-2022]附录1

46. 电容型验电器是通过检测流过验电器对地_____中的电流来指示电压是否存在的装置。

答案：杂散电容

见《国家电网有限公司电力安全工器具管理规定》[国网（安监/4）289-2022]附录1

47. 携带型短路接地线是用于防止设备、线路突然来电，消除感应电压，放尽_____的临时接地装置。

答案：剩余电荷

见《国家电网有限公司电力安全工器具管理规定》[国网（安监/4）289-2022]附录1

48. 核相器包括有线核相器和_____。

答案：无线核相器

见《国家电网有限公司电力安全工器具管理规定》[国网（安监/4）289-2022]附录1

49. 绝缘遮蔽罩由绝缘材料制成，起遮蔽或隔离的保护作用，防止_____与带电体发生直接碰触。

答案：作业人员

见《国家电网有限公司电力安全工器具管理规定》[国网（安监/4）289-2022]附录1

50. 绝缘隔板又称_____。

答案：绝缘挡板

见《国家电网有限公司电力安全工器具管理规定》[国网（安监/4）289-2022］附录1

51. 绝缘绳是由天然纤维材料或＿＿＿＿＿＿制成的具有良好电气绝缘性能的绳索。

答案：合成纤维材料

见《国家电网有限公司电力安全工器具管理规定》[国网（安监/4）289-2022］附录1

52. 带电作业绝缘安全工器具是指在带电装置上进行作业或＿＿＿＿＿＿所进行的各种作业所使用的工器具。

答案：接近带电部分

见《国家电网有限公司电力安全工器具管理规定》[国网（安监/4）289-2022］附录1

53. 带电作业用安全帽是由绝缘材料制成，有一条脖带和＿＿＿＿＿＿，在带电作业中用于防止工作人员头部触电的帽子。

答案：可移动的带头

见《国家电网有限公司电力安全工器具管理规定》[国网（安监/4）289-2022］附录1

54. 带电作业用绝缘毯是由绝缘材料制成，保护作业人员无意识触及带电体时免遭＿＿＿＿＿＿，以及防止电气设备之间短路的毯子。

答案：电击

见《国家电网有限公司电力安全工器具管理规定》[国网（安监/4）289-2022］附录1

55. 带电作业用绝缘硬梯是由绝缘材料制成，用于带电作业时＿＿＿＿＿＿的工具。

答案：登高作业

见《国家电网有限公司电力安全工器具管理规定》[国网（安监/4）289-2022］附录1

56. 绝缘托瓶架是用绝缘管或棒组成，用于对_____进行操作的装置。

答案：绝缘子串

见《国家电网有限公司电力安全工器具管理规定》［国网（安监/4）289-2022］附录1

57. 带电作业用绝缘滑车是在带电作业中用于绳索_____或承担负载的全绝缘或部分绝缘的工具。

答案：导向

见《国家电网有限公司电力安全工器具管理规定》［国网（安监/4）289-2022］附录1

58. 辅助型绝缘靴（鞋）是由特种橡胶制成、用于人体与_____辅助绝缘的靴（鞋）子。

答案：地面

见《国家电网有限公司电力安全工器具管理规定》［国网（安监/4）289-2022］附录1

59. 辅助型绝缘胶垫是由特种橡胶制成、用于加强工作人员对地辅助绝缘的_____。

答案：橡胶板

见《国家电网有限公司电力安全工器具管理规定》［国网（安监/4）289-2022］附录1

60. 脚扣是用钢或_____制作的攀登电杆的工具。

答案：合金材料

见《国家电网有限公司电力安全工器具管理规定》［国网（安监/4）289-2022］附录1

61. 快装脚手架是指整体结构采用_____组合设计，构件标准化且采用复合材料制作，不需任何安装工具，可在短时间内徒手搭建的一种高处作业平台。

答案："积木式"

见《国家电网有限公司电力安全工器具管理规定》[国网（安监/4）289-2022]附录1

62. 拆卸型检修平台按型式可分为单柱型、平台板型、梯台型，用于变电站检修时，固定在构架类设备_____上。

答案：基座

见《国家电网有限公司电力安全工器具管理规定》[国网（安监/4）289-2022]附录1

63. 供电所（10人）配备_____只速差自控器。

答案：3

见《国家电网有限公司电力安全工器具管理规定》[国网（安监/4）289-2022]附录3

64. 线路运维班（10人）应配备_____只速差自控器。

答案：2

见《国家电网有限公司电力安全工器具管理规定》[国网（安监/4）289-2022]附录3

65. 供电所（10人）应配备_____副安全带。

答案：6

见《国家电网有限公司电力安全工器具管理规定》[国网（安监/4）289-2022]附录3

66. 变电高压试验班（10人）应配备_____副安全带。

答案：4

见《国家电网有限公司电力安全工器具管理规定》[国网（安监/4）289-2022]附录3

67. 线路施工班（10人）应配备_____副安全带。

答案：6

见《国家电网有限公司电力安全工器具管理规定》[国网（安监/4）289-2022]附录3

68. 营销班（10人）应配备_____副安全带。

答案：2

见《国家电网有限公司电力安全工器具管理规定》[国网（安监/4）289-2022]附录3

69. 配电电缆班（10人）应配备_____套绝缘操作杆。

答案：2

见《国家电网有限公司电力安全工器具管理规定》[国网（安监/4）289-2022]附录3

70. 通信班（10人）应配备_____双辅助型绝缘手套。

答案：2

见《国家电网有限公司电力安全工器具管理规定》[国网（安监/4）289-2022]附录3

71. 线路检修班（10人）应配备_____双辅助型绝缘手套。

答案：4

见《国家电网有限公司电力安全工器具管理规定》[国网（安监/4）289-2022]附录3

72. 变电检修班（10人）应配备_____套绝缘操作杆。

答案：4

见《国家电网有限公司电力安全工器具管理规定》[国网（安监/4）289-2022]附录3

73. 根据工作电压等级，电缆检修班（10人）按照每个电压等级各配备_____支电容型验电器。

答案：2

见《国家电网有限公司电力安全工器具管理规定》[国网（安监/4）289-2022]附录3

74. 根据工作电压等级，供电所（10人）按照每电压等级各配备_____套工频高压发生器。

答案：2

见《国家电网有限公司电力安全工器具管理规定》[国网（安监/4）289-2022］附录3

75. 根据工作电压等级，线路检修班（10人）按照每个电压等级配备_____携带型短路接地线。

答案：4组

见《国家电网有限公司电力安全工器具管理规定》[国网（安监/4）289-2022］附录3

76. 电缆检修班（10人）应配备_____副个人保安线。

答案：2

见《国家电网有限公司电力安全工器具管理规定》[国网（安监/4）289-2022］附录3

77. 供电所（10人）应配备_____架登高梯具。

答案：2

见《国家电网有限公司电力安全工器具管理规定》[国网（安监/4）289-2022］附录3

78. 供电所（10人）应配备_____副登高板或脚扣。

答案：6

见《国家电网有限公司电力安全工器具管理规定》[国网（安监/4）289-2022］附录3

79. 供电所（10人）应配备_____副安全警示带（围栏网）。

答案：10

见《国家电网有限公司电力安全工器具管理规定》[国网（安监/4）289-2022］附录3

80. 配电电缆检修班（10人）应配备_____块"禁止合闸，有人工作！"安全警告牌。

答案：10

见《国家电网有限公司电力安全工器具管理规定》[国网（安监/4）289-2022］附录3

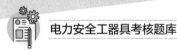

81. 供电所（10人）应配备_____块"禁止合闸，线路有人工作！"安全警告牌。

答案：10

见《国家电网有限公司电力安全工器具管理规定》［国网（安监/4）289-2022］附录3

82. 供电所（10人）应配备_____块"止步，高压危险！"安全警告牌。

答案：10

见《国家电网有限公司电力安全工器具管理规定》［国网（安监/4）289-2022］附录3

83. 变电运维班（10人）应配备_____套自吸过滤式防毒面具。

答案：2

见《国家电网有限公司电力安全工器具管理规定》［国网（安监/4）289-2022］附录3

84. 变电运维班（10人）应配备_____套正压式消防空气呼吸器。

答案：2

见《国家电网有限公司电力安全工器具管理规定》［国网（安监/4）289-2022］附录3

85. 变电二次检修班（10人）应配备_____套气体检测仪。

答案：1

见《国家电网有限公司电力安全工器具管理规定》［国网（安监/4）289-2022］附录3

86. 配电检修班（10人）应配备_____块红布幔。

答案：5

见《国家电网有限公司电力安全工器具管理规定》［国网（安监/4）289-2022］附录3

87. 220（330）kV 变电站 110kV 电压等级应配备_____支电容型验电器。

答案：6

见《国家电网有限公司电力安全工器具管理规定》[国网（安监/4）289-2022]附录 4

88. 110（66）kV 变电站 35kV 电压等级应配备_____支电容型验电器。

答案：2

见《国家电网有限公司电力安全工器具管理规定》[国网（安监/4）289-2022]附录 4

89. 35kV 变电站 0.4kV 电压等级应配备_____支电容型验电器。

答案：2

见《国家电网有限公司电力安全工器具管理规定》[国网（安监/4）289-2022]附录 4

90. 35kV 变电站 10kV 电压等级应配备_____支电容型验电器。

答案：2

见《国家电网有限公司电力安全工器具管理规定》[国网（安监/4）289-2022]附录 4

91. 1000kV 变电站应配备_____顶安全帽。

答案：20

见《国家电网有限公司电力安全工器具管理规定》[国网（安监/4）289-2022]附录 4

92. ±800kV 及以上换流站变电站应配备_____顶安全帽。

答案：20

见《国家电网有限公司电力安全工器具管理规定》[国网（安监/4）289-2022]附录 4

93. 500（750）kV 变电站应配备_____顶安全帽。

答案：10

见《国家电网有限公司电力安全工器具管理规定》[国网（安监/4）289-2022]附录4

94. 220（330）kV 变电站应配备_____顶安全帽。

答案：5

见《国家电网有限公司电力安全工器具管理规定》[国网（安监/4）289-2022]附录4

95. 110（66）kV 变电站应配备_____顶安全帽。

答案：5

见《国家电网有限公司电力安全工器具管理规定》[国网（安监/4）289-2022]附录4

96. 35kV 变电站应配备_____顶安全帽。

答案：5

见《国家电网有限公司电力安全工器具管理规定》[国网（安监/4）289-2022]附录4

97. 1000kV 变电站应配备_____双辅助型绝缘靴。

答案：8

见《国家电网有限公司电力安全工器具管理规定》[国网（安监/4）289-2022]附录4

98. 1000kV 变电站应配备登高梯具_____架。

答案：6

见《国家电网有限公司电力安全工器具管理规定》[国网（安监/4）289-2022]附录4

99. ±800kV 及以上换流站应配备登高梯具_____架。

答案：6

见《国家电网有限公司电力安全工器具管理规定》[国网（安监/4）289-2022]附录4

100. 1000kV 变电站应配备自吸过滤式防毒面具_____套。

答案：6

见《国家电网有限公司电力安全工器具管理规定》[国网（安监/4）289-2022]附录4

101. ±800kV 及以上换流站应配备正压式消防空气呼吸器_____套。

答案：2

见《国家电网有限公司电力安全工器具管理规定》[国网（安监/4）289-2022]附录4

102. 500（750）kV 变电站中应配备"禁止合闸，有人工作！"安全警告牌_____块。

答案：40

见《国家电网有限公司电力安全工器具管理规定》[国网（安监/4）289-2022]附录4

103. ±800kV 及以上换流站应配备"禁止分闸！"安全警告牌_____块。

答案：10

见《国家电网有限公司电力安全工器具管理规定》[国网（安监/4）289-2022]附录4

104. 500（750）kV 应配备"禁止攀登，高压危险！"安全警告牌_____块。

答案：30

见《国家电网有限公司电力安全工器具管理规定》[国网（安监/4）289-2022]附录4

105. 35kV 变电站应配备"止步，高压危险！"安全警告牌_____块。

答案：20

见《国家电网有限公司电力安全工器具管理规定》[国网（安监/4）289-2022]附录4

106. 220（330）kV 变电站应配备"在此工作！"标示牌_____块

答案：20

见《国家电网有限公司电力安全工器具管理规定》[国网（安监/4）289-2022]附录4

107. 500（750）kV 变电站应配备"从此进出！"标示牌_____块。

答案：30

见《国家电网有限公司电力安全工器具管理规定》[国网（安监/4）289-2022]附录4

108. ±800kV 及以上换流站中应配备"从此进出！"标示牌_____块。

答案：30

见《国家电网有限公司电力安全工器具管理规定》[国网（安监/4）289-2022]附录4

109. 220（330）kV 变电站应配备"从此上下！"标示牌_____块。

答案：10

见《国家电网有限公司电力安全工器具管理规定》[国网（安监/4）289-2022]附录4

110. 500（750）kV 变电站应配备红布幔_____块。

答案：60

见《国家电网有限公司电力安全工器具管理规定》[国网（安监/4）289-2022]附录4

111. 110（66）kV 变电站应配备安全围栏_____副。

答案：20

见《国家电网有限公司电力安全工器具管理规定》[国网（安监/4）289-2022]附录4

112. 35kV 变电站（室内 GIS 室）应配备 SF_6 防护服_____副。

答案：2

见《国家电网有限公司电力安全工器具管理规定》[国网（安监/4）289-2022]附录4

113. 1000kV 变电站应配备辅助型绝缘垫_____块。

答案：2

见《国家电网有限公司电力安全工器具管理规定》［国网（安监/4）289-2022］附录 4

114. 1000kV 变电站应配备正压式消防空气呼吸器_____套。

答案：2

见《国家电网有限公司电力安全工器具管理规定》［国网（安监/4）289-2022］附录 4

115. 500（750）kV 变电站应配备 SF$_6$ 气体检漏仪_____副。

答案：1

见《国家电网有限公司电力安全工器具管理规定》［国网（安监/4）289-2022］附录 4

116. 检查安全帽帽衬与帽壳连接牢固，后箍、锁紧卡等_____，卡位牢固。

答案：开闭调节灵活

见《国家电网有限公司电力安全工器具管理规定》［国网（安监/4）289-2022］附录 6

117. 安全帽使用期从产品制造完成之日起计算，不得超过安全帽永久标识的强制_____。

答案：报废期限

见《国家电网有限公司电力安全工器具管理规定》［国网（安监/4）289-2022］附录 6

118. 受过一次强冲击或_____的安全帽不能继续使用。

答案：做过试验

见《国家电网有限公司电力安全工器具管理规定》［国网（安监/4）289-2022］附录 6

119. 针对不同的_____，根据安全帽产品说明选择适用的安全帽。

答案：生产场所

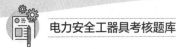

见《国家电网有限公司电力安全工器具管理规定》[国网（安监/4）289-2022]附录6

120. 任何人员进入_____现场必须正确佩戴安全帽。

答案：生产、施工

见《国家电网有限公司电力安全工器具管理规定》[国网（安监/4）289-2022]附录6

121. 安全帽戴好后，应将帽箍扣调整到合适的位置，锁紧_____，防止工作中前倾后仰或其他原因造成滑落。

答案：下颚带

见《国家电网有限公司电力安全工器具管理规定》[国网（安监/4）289-2022]附录6

122. 受过一次强冲击或做过试验的安全帽不能继续使用，应予以_____。

答案：报废

见《国家电网有限公司电力安全工器具管理规定》[国网（安监/4）289-2022]附录6

123. 防护眼镜的标识清晰完整，并位于透镜表面不影响_____处。

答案：使用功能

见《国家电网有限公司电力安全工器具管理规定》[国网（安监/4）289-2022]附录6

124. 在向蓄电池内注入电解液时，应戴防有害液体防护眼镜或戴_____。

答案：防毒气封闭式无色防护眼镜

见《国家电网有限公司电力安全工器具管理规定》[国网（安监/4）289-2022]附录6

125. 戴好防护眼镜后应收紧防护眼镜_____，避免造成滑落。

答案：镜腿（带）

见《国家电网有限公司电力安全工器具管理规定》[国网（安监/4）289-

2022〕附录6

126. 检查自吸过滤式防毒面具面罩及过滤件上的标识应_____，无破损。

答案：清晰完整

见《国家电网有限公司电力安全工器具管理规定》〔国网（安监/4）289-2022〕附录6

127. 自吸过滤式防毒面具的面罩观察眼窗应视物真实，有防止镜片_____的措施。

答案：结雾

见《国家电网有限公司电力安全工器具管理规定》〔国网（安监/4）289-2022〕附录6

128. 使用自吸过滤式防毒面具时，空气中氧气浓度不得低于18%，温度为_____。

答案：-30 ~ 45℃

见《国家电网有限公司电力安全工器具管理规定》〔国网（安监/4）289-2022〕附录6

129. 自吸过滤式防毒面具内有特殊气味时，证明_____失去过滤作用。

答案：过滤剂

见《国家电网有限公司电力安全工器具管理规定》〔国网（安监/4）289-2022〕附录6

130. 使用前应检查正压式消防空气呼吸器_____压力在合格范围内。

答案：气罐表计

见《国家电网有限公司电力安全工器具管理规定》〔国网（安监/4）289-2022〕附录6

131. 正压式消防空气呼吸器的气瓶外部应有_____。

答案：防护套

见《国家电网有限公司电力安全工器具管理规定》[国网（安监/4）289-2022]附录6

132. 使用者应根据正压式消防空气呼吸器的_____选配适宜的面罩号码。

答案：面型尺寸

见《国家电网有限公司电力安全工器具管理规定》[国网（安监/4）289-2022]附录6

133. 安全带的护腰带接触腰的部分应垫有_____，边缘圆滑无角。

答案：柔软材料

见《国家电网有限公司电力安全工器具管理规定》[国网（安监/4）289-2022]附录6

134. 安全带的缝线_____与织带应有区分。

答案：颜色

见《国家电网有限公司电力安全工器具管理规定》[国网（安监/4）289-2022]附录6

135. 安全带金属环类零件不允许使用_____，不应留有开口。

答案：焊接

见《国家电网有限公司电力安全工器具管理规定》[国网（安监/4）289-2022]附录6

136. 安全带金属挂钩等连接器应有_____。

答案：保险装置

见《国家电网有限公司电力安全工器具管理规定》[国网（安监/4）289-2022]附录6

137. 应正确选用安全带，其_____应符合现场作业要求。

答案：功能

见《国家电网有限公司电力安全工器具管理规定》[国网（安监/4）289-2022]附录6

138. 安全带穿戴好后应仔细检查连接扣或_____，确保各处绳扣连接牢固。

答案：调节扣

见《国家电网有限公司电力安全工器具管理规定》[国网（安监/4）289-2022]附录6

139. 在电焊作业或其他有火花、熔融源等场所使用的安全带或安全绳应有_____。

答案：隔热防磨套

见《国家电网有限公司电力安全工器具管理规定》[国网（安监/4）289-2022]附录6

140. 安全带的挂钩或绳子应挂在结实牢固的构件或专为挂安全带用的_____上。

答案：钢丝绳

见《国家电网有限公司电力安全工器具管理规定》[国网（安监/4）289-2022]附录6

141. 高处作业人员在转移作业位置时不准失去_____。

答案：安全保护

见《国家电网有限公司电力安全工器具管理规定》[国网（安监/4）289-2022]附录6

142. 禁止将安全带系在_____或不牢固的物件上。

答案：移动

见《国家电网有限公司电力安全工器具管理规定》[国网（安监/4）289-2022]附录6

143. 登杆前，应进行围杆带和后备绳的_____，无异常方可继续使用。

答案：试拉

见《国家电网有限公司电力安全工器具管理规定》[国网（安监/4）289-2022]附录6

144. 织带式安全绳的织带应加＿＿＿＿＿＿＿＿，末端无散丝。

答案：锁边线

见《国家电网有限公司电力安全工器具管理规定》[国网（安监/4）289-2022]附录6

145. 安全绳应是整根，不应私自＿＿＿＿＿＿＿＿使用。

答案：接长

见《国家电网有限公司电力安全工器具管理规定》[国网（安监/4）289-2022]附录6

146. 在具有高温、腐蚀等场合使用的安全绳，应穿入整根具有＿＿＿＿＿＿＿＿或采用钢丝绳式安全绳。

答案：耐高温、抗腐蚀的保护套

见《国家电网有限公司电力安全工器具管理规定》[国网（安监/4）289-2022]附录6

147. 安全绳的连接应通过＿＿＿＿＿＿＿＿连接，在使用过程中不应打结。

答案：连接扣

见《国家电网有限公司电力安全工器具管理规定》[国网（安监/4）289-2022]附录6

148. 连接器应操作灵活，＿＿＿＿＿＿＿＿和闸门的咬口应完整，两者不得偏斜。

答案：扣体钩舌

见《国家电网有限公司电力安全工器具管理规定》[国网（安监/4）289-2022]附录6

149. 有自锁功能的连接器活门关闭时应＿＿＿＿＿＿＿＿。

答案：自动上锁

见《国家电网有限公司电力安全工器具管理规定》[国网（安监/4）289-2022]附录6

150. 有锁止警示的连接器锁止后应能观测到＿＿＿＿＿＿＿＿。

答案：警示标志

见《国家电网有限公司电力安全工器具管理规定》[国网（安监/4）289-2022]附录6

151. 使用连接器时，受力点不应在连接器的_____位置。

答案：活门

见《国家电网有限公司电力安全工器具管理规定》[国网（安监/4）289-2022]附录6

152. 不应多人同时使用_____连接器作为连接或悬挂点。

答案：同一个

见《国家电网有限公司电力安全工器具管理规定》[国网（安监/4）289-2022]附录6

153. 连接器不要在不用打开_____即可接挂接的场所使用。

答案：活门

见《国家电网有限公司电力安全工器具管理规定》[国网（安监/4）289-2022]附录6

154. 速差自控器不得系在_____锋利处。

答案：棱角

见《国家电网有限公司电力安全工器具管理规定》[国网（安监/4）289-2022]附录6

155. 速差自控器应连接在人体_____的安全带挂点上。

答案：前胸或后背

见《国家电网有限公司电力安全工器具管理规定》[国网（安监/4）289-2022]附录6

156. 禁止将速差自控器锁止后悬挂在_____上作业。

答案：安全绳（带）

见《国家电网有限公司电力安全工器具管理规定》[国网（安监/4）289-2022]附录6

157. 使用速差自控器时，钢丝绳拉出后工作完毕，收回器内过程中严禁_____。

答案：松手

见《国家电网有限公司电力安全工器具管理规定》[国网（安监/4）289-2022]附录6

158. 导轨自锁器各部件完整无缺失，本体及配件应无目测可见的_____。

答案：凹凸痕迹

见《国家电网有限公司电力安全工器具管理规定》[国网（安监/4）289-2022]附录6

159. 导轨自锁器所有铆接面应平整、无_____。

答案：毛刺

见《国家电网有限公司电力安全工器具管理规定》[国网（安监/4）289-2022]附录6

160. 导轨自锁器上的_____应转动灵活，无卡阻、破损等缺陷。

答案：导向轮

见《国家电网有限公司电力安全工器具管理规定》[国网（安监/4）289-2022]附录6

161. 使用时应查看导轨自锁器的安装_____，正确安装自锁器。

答案：箭头

见《国家电网有限公司电力安全工器具管理规定》[国网（安监/4）289-2022]附录6

162. 在导轨（绳）上运行的自锁器，突然被释放，自锁器应能有效_____在导轨（绳）上。

答案：锁止

见《国家电网有限公司电力安全工器具管理规定》[国网（安监/4）289-2022]附录6

163. 导轨自锁器应连接在人体_____的安全带挂点上。

答案：前胸或后背

见《国家电网有限公司电力安全工器具管理规定》[国网（安监 /4）289-2022]附录 6

164. _____缓冲器的保护套应完整，无破损、开裂等现象。

答案：织带型

见《国家电网有限公司电力安全工器具管理规定》[国网（安监 /4）289-2022]附录 6

165. 缓冲器与安全绳及安全带配套使用时，_____要足以容纳安全绳和缓冲器展开的安全坠落空间。

答案：作业高度

见《国家电网有限公司电力安全工器具管理规定》[国网（安监 /4）289-2022]附录 6

166. 缓冲器与安全带、安全绳连接应使用_____。

答案：连接器

见《国家电网有限公司电力安全工器具管理规定》[国网（安监 /4）289-2022]附录 6

167. 平网和立网的系绳长度不大于_____。

答案：0.08m

见《国家电网有限公司电力安全工器具管理规定》[国网（安监 /4）289-2022]附录 6

168. 密目式安全立网的各边缘部位的开眼环扣牢固可靠，开眼环扣孔径不小于_____。

答案：8mm

见《国家电网有限公司电力安全工器具管理规定》[国网（安监 /4）289-2022]附录 6

169. 立网或密目网拴挂好后，人员不应倚靠在网上或将物品_____在立网或密目网。

答案：堆积靠压

见《国家电网有限公司电力安全工器具管理规定》[国网（安监/4）289-2022] 附录 6

170. 作业人员不应在平网上站立或_____。

答案：行走

见《国家电网有限公司电力安全工器具管理规定》[国网（安监/4）289-2022] 附录 6

171. 应及时清理安全网上的落物，当安全网受到_____后应及时更换。

答案：巨大冲击

见《国家电网有限公司电力安全工器具管理规定》[国网（安监/4）289-2022] 附录 6

172. 作业人员进入带电弧环境中，应务必穿戴好防电弧服及其他的配套设备，不得随意将_____在外面以防事故发生时通过空隙而造成重大的事故损伤。

答案：皮肤裸露

见《国家电网有限公司电力安全工器具管理规定》[国网（安监/4）289-2022] 附录 6

173. 防电弧服只能对头部、_____、手部、脚部以外的身体部位进行适当保护。

答案：颈部

见《国家电网有限公司电力安全工器具管理规定》[国网（安监/4）289-2022] 附录 6

174. 穿着者在使用防电弧服的过程中，不可以随意暴露身体，当有异常情况发生时，要及时_____，切忌和火焰直接接触。

答案：脱离现场

见《国家电网有限公司电力安全工器具管理规定》[国网（安监/4）289-2022]附录6

175. 个人电弧防护用品一旦暴露在＿＿＿＿＿＿之后应报废。

答案：电弧能量

见《国家电网有限公司电力安全工器具管理规定》[国网（安监/4）289-2022]附录6

176. 穿用时应避免接触锐器，防止受到＿＿＿＿＿＿。

答案：机械损伤

见《国家电网有限公司电力安全工器具管理规定》[国网（安监/4）289-2022]附录6

177. SF_6防护服的整套服装＿＿＿＿＿＿应良好。

答案：气密性

见《国家电网有限公司电力安全工器具管理规定》[国网（安监/4）289-2022]附录6

178. 屏蔽服装的制造厂名或商标、型号名称、制造年月、电压等级及＿＿＿＿＿＿等标识清晰完整。

答案：带电作业用（双三角）符号

见《国家电网有限公司电力安全工器具管理规定》[国网（安监/4）289-2022]附录6

179. 屏蔽服装的整套服装的鞋子应无破损，鞋底表面无严重磨损现象，＿＿＿＿＿＿完好。

答案：分流连接线

见《国家电网有限公司电力安全工器具管理规定》[国网（安监/4）289-2022]附录6

180. 将屏蔽服装的连接头组装好后，轻扯连接带与服装各部位的连接，确认其完好可靠并具有一定的＿＿＿＿＿＿。

答案：机械强度

见《国家电网有限公司电力安全工器具管理规定》[国网（安监/4）289-

2022〕附录6

181. 严禁通过屏蔽服装断、接接地电流，及空载线路和_____的电容电流。

答案：耦合电容器

见《国家电网有限公司电力安全工器具管理规定》〔国网（安监/4）289-2022〕附录6

182. 耐酸手套应具有_____，无漏气现象发生。

答案：气密性

见《国家电网有限公司电力安全工器具管理规定》〔国网（安监/4）289-2022〕附录6

183. 耐酸手套使用时应防止锋利的金属刺割及与_____接触。

答案：高温

见《国家电网有限公司电力安全工器具管理规定》〔国网（安监/4）289-2022〕附录6

184. 耐酸靴只能使用于一般浓度较低的酸作业场所，不能浸泡在酸液中进行较长时间作业，以防_____渗入靴内腐蚀脚造成伤害。

答案：酸溶液

见《国家电网有限公司电力安全工器具管理规定》〔国网（安监/4）289-2022〕附录6

185. 耐酸靴使用时应避免接触_____，否则易脏且易破裂。

答案：油类

见《国家电网有限公司电力安全工器具管理规定》〔国网（安监/4）289-2022〕附录6

186. 导电鞋不应有_____和污染等影响导电性能的缺陷。

答案：屈挠

见《国家电网有限公司电力安全工器具管理规定》〔国网（安监/4）289-2022〕附录6

187. 使用导电鞋时，除了一般的袜子，鞋内底与穿着者的脚之间不得有_____部件。

答案：绝缘

见《国家电网有限公司电力安全工器具管理规定》[国网（安监/4）289-2022]附录6

188. 在必要时，建立一个导电鞋_____测试并定期使用。

答案：内部电阻

见《国家电网有限公司电力安全工器具管理规定》[国网（安监/4）289-2022]附录6

189. 个人保安线的线夹应完整、无损坏，线夹与电力设备及_____的接触面无毛刺。

答案：接地体

见《国家电网有限公司电力安全工器具管理规定》[国网（安监/4）289-2022]附录6

190. 只有在工作接地线挂好后，方可在_____上挂个人保安线。

答案：工作相

见《国家电网有限公司电力安全工器具管理规定》[国网（安监/4）289-2022]附录6

191. 个人保安线应在杆塔上接触或接近导线的作业开始前挂接，作业结束_____拆除。

答案：脱离导线后

见《国家电网有限公司电力安全工器具管理规定》[国网（安监/4）289-2022]附录6

192. 个人保安线由作业人员负责_____装、拆。

答案：自行

见《国家电网有限公司电力安全工器具管理规定》[国网（安监/4）289-2022]附录6

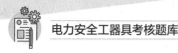

193. SF$_6$气体检漏仪＿＿＿＿＿＿检查时，外露的可动部件应能正常动作。

答案：通电

见《国家电网有限公司电力安全工器具管理规定》〔国网（安监/4）289-2022〕附录6

194. 对有真空要求的SF$_6$气体检漏仪，＿＿＿＿＿＿应能正常工作。

答案：真空系统

见《国家电网有限公司电力安全工器具管理规定》〔国网（安监/4）289-2022〕附录6

195. 严禁将SF$_6$气体检漏仪的探枪放在地上，＿＿＿＿＿＿不得被灰尘污染，以免影响仪器的性能。

答案：探枪孔

见《国家电网有限公司电力安全工器具管理规定》〔国网（安监/4）289-2022〕附录6

196. 检查SF$_6$气体检漏仪器是否正常以＿＿＿＿＿＿为准。仪器探头已调好，勿自行调节。

答案：自校格数

见《国家电网有限公司电力安全工器具管理规定》〔国网（安监/4）289-2022〕附录6

197. SF$_6$气体检漏仪器在运输过程中严禁＿＿＿＿＿＿，不可剧烈振动。

答案：倒置

见《国家电网有限公司电力安全工器具管理规定》〔国网（安监/4）289-2022〕附录6

198. 每次使用后，要重点检查防火服是否有＿＿＿＿＿＿情况。

答案：磨损

见《国家电网有限公司电力安全工器具管理规定》〔国网（安监/4）289-2022〕附录6

199. 防火服在重新存放前务必进行彻底干燥，晾好存放最好不要_____。

答案：折叠

见《国家电网有限公司电力安全工器具管理规定》[国网（安监/4）289-2022]附录6

200. 电容型验电器指示器应密封完好，表面应_____。

答案：光滑、平整

见《国家电网有限公司电力安全工器具管理规定》[国网（安监/4）289-2022]附录6

201. 电容型验电器自检三次，指示器均应有_____信号出现。

答案：视觉和听觉

见《国家电网有限公司电力安全工器具管理规定》[国网（安监/4）289-2022]附录6

202. 电容型验电器的规格必须符合被操作设备的_____。

答案：电压等级

见《国家电网有限公司电力安全工器具管理规定》[国网（安监/4）289-2022]附录6

203. 电容型验电器无法在有电设备上进行试验时，可用_____等确证验电器良好。

答案：高压发生器

见《国家电网有限公司电力安全工器具管理规定》[国网（安监/4）289-2022]附录6

204. 如在木杆、木梯或木架上用电容型验电器验电，不接地不能指示者，经运行值班负责人或_____同意后，可在验电器绝缘杆尾部接上接地线。

答案：工作负责人

见《国家电网有限公司电力安全工器具管理规定》[国网（安监/4）289-2022]附录6

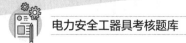

205. 使用抽拉式电容型验电器时，绝缘杆应＿＿＿＿＿＿＿＿拉开。

答案：完全

见《国家电网有限公司电力安全工器具管理规定》[国网（安监 /4）289-2022] 附录 6

206. 操作时，人体应与带电设备保持足够的安全距离，操作者的手握部位不得越过护手环，以保持有效的＿＿＿＿＿＿＿＿。

答案：绝缘长度

见《国家电网有限公司电力安全工器具管理规定》[国网（安监 /4）289-2022] 附录 6

207. 携带型短路接地线应操作方便，安装后应有＿＿＿＿＿＿＿＿。

答案：自锁功能

见《国家电网有限公司电力安全工器具管理规定》[国网（安监 /4）289-2022] 附录 6

208. 携带型短路接地线的线夹与电力设备及接地体的接触面无毛刺，＿＿＿＿＿＿＿＿应不致损坏设备导线或固定接地点。

答案：紧固力

见《国家电网有限公司电力安全工器具管理规定》[国网（安监 /4）289-2022] 附录 6

209. 携带型短路接地线的截面应满足装设地点短路电流的要求，携带型短路接地线的长度应满足＿＿＿＿＿＿＿＿需要。

答案：工作现场

见《国家电网有限公司电力安全工器具管理规定》[国网（安监 /4）289-2022] 附录 6

210. 经验明确无电压后，应立即装设接地线，对于直流线路两极接地线应＿＿＿＿＿＿＿＿接地。

答案：分别直接

见《国家电网有限公司电力安全工器具管理规定》[国网（安监 /4）289-2022] 附录 6

211. 装设、拆除接地线时，人体不准碰触未接地的_____。

答案：导线

见《国家电网有限公司电力安全工器具管理规定》[国网（安监/4）289-2022] 附录 6

212. 装、拆接地线均应使用满足安全长度要求的绝缘棒或_____。

答案：专用的绝缘绳

见《国家电网有限公司电力安全工器具管理规定》[国网（安监/4）289-2022] 附录 6

213. 禁止使用其他导线作接地线或短路线，禁止用_____的方法进行接地或短路。

答案：缠绕

见《国家电网有限公司电力安全工器具管理规定》[国网（安监/4）289-2022] 附录 6

214. 绝缘杆的接头不管是固定式的还是_____的，连接都应紧密牢固，无松动、锈蚀和断裂等现象。

答案：拆卸式

见《国家电网有限公司电力安全工器具管理规定》[国网（安监/4）289-2022] 附录 6

215. 绝缘杆应光滑，绝缘部分应无气泡、皱纹、裂纹、绝缘层脱落、严重的机械或_____。

答案：电灼伤痕

见《国家电网有限公司电力安全工器具管理规定》[国网（安监/4）289-2022] 附录 6

216._____与操作杆连接紧密、无破损，不产生相对滑动或转动。

答案：手持部分护套

见《国家电网有限公司电力安全工器具管理规定》[国网（安监/4）289-2022] 附录 6

217. 绝缘操作杆的规格必须符合被操作设备的_____，切不可任意取用。

答案：电压等级

见《国家电网有限公司电力安全工器具管理规定》[国网（安监/4）289-2022]附录6

218. 操作者的手握部位不得越过绝缘操作杆的_____，以保持有效的绝缘长度。

答案：护环

见《国家电网有限公司电力安全工器具管理规定》[国网（安监/4）289-2022]附录6

219. 为防止因受潮而产生较大的_____，危及操作人员的安全，在使用绝缘操作杆拉合隔离开关或经传动机构拉合隔离开关和断路器时，均应戴绝缘手套。

答案：泄漏电流

见《国家电网有限公司电力安全工器具管理规定》[国网（安监/4）289-2022]附录6

220. 雨天在户外操作电气设备时，绝缘操作杆的绝缘部分应有防雨罩，防雨罩的上口应与绝缘部分紧密结合，无渗漏现象，以便阻断流下的雨水，使其不致形成连续的水流柱而大大降低_____。

答案：湿闪电压

见《国家电网有限公司电力安全工器具管理规定》[国网（安监/4）289-2022]附录6

221. 核相器连接线绝缘层应无破损、老化现象，导线无_____现象。

答案：扭结

见《国家电网有限公司电力安全工器具管理规定》[国网（安监/4）289-2022]附录6

222. 核相器的各部件连接应牢固可靠，指示器应_____。

答案：密封完好

见《国家电网有限公司电力安全工器具管理规定》[国网（安监/4）289-2022]附录6

223. 操作前，核相器杆表面应用清洁的干布_____，使表面干燥、清洁。

答案：擦拭干净

见《国家电网有限公司电力安全工器具管理规定》[国网（安监/4）289-2022]附录6

224. 操作者的手握部位不得越过核相器的_____，以保持有效的绝缘长度。

答案：护手环

见《国家电网有限公司电力安全工器具管理规定》[国网（安监/4）289-2022]附录6

225. 遮蔽罩内外表面不应存在破坏其均匀性、损坏表面_____的缺陷。

答案：光滑轮廓

见《国家电网有限公司电力安全工器具管理规定》[国网（安监/4）289-2022]附录6

226. 绝缘遮蔽罩应根据使用电压的等级来选择，不得_____使用。

答案：越级

见《国家电网有限公司电力安全工器具管理规定》[国网（安监/4）289-2022]附录6

227. 当环境温度为 -25 ~ 55℃时，建议使用_____。

答案：普通遮蔽罩

见《国家电网有限公司电力安全工器具管理规定》[国网（安监/4）289-2022]附录6

228. 当环境温度为 -40 ~ 55℃时，建议使用_____。

答案：C 类遮蔽罩

见《国家电网有限公司电力安全工器具管理规定》[国网（安监/4）289-

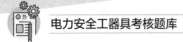

2022］附录 6

229. 当环境温度为 –10 ~ 70℃时，建议使用_____。

答案：W 类遮蔽罩

见《国家电网有限公司电力安全工器具管理规定》［国网（安监/4）289-2022］附录 6

230. 现场带电安放绝缘遮蔽罩时，应按要求穿戴_____。

答案：绝缘防护用具

见《国家电网有限公司电力安全工器具管理规定》［国网（安监/4）289-2022］附录 6

231. 绝缘隔板一般用制成_____。

答案：环氧玻璃丝板

见《国家电网有限公司电力安全工器具管理规定》［国网（安监/4）289-2022］附录 6

232. 使用绝缘隔板前，应先擦净绝缘隔板的表面，保持表面_____。

答案：洁净

见《国家电网有限公司电力安全工器具管理规定》［国网（安监/4）289-2022］附录 6

233. 如在隔离开关动、静触头之间放置绝缘隔板时，应使用_____。

答案：绝缘棒

见《国家电网有限公司电力安全工器具管理规定》［国网（安监/4）289-2022］附录 6

234. 绝缘隔板在放置和使用中要防止_____。

答案：脱落

见《国家电网有限公司电力安全工器具管理规定》［国网（安监/4）289-2022］附录 6

235. 绝缘隔板应使用尼龙等绝缘挂线悬挂，不能使用_____线，以免在使用中造成接地或短路。

答案：胶质

见《国家电网有限公司电力安全工器具管理规定》[国网（安监/4）289-2022]附录6

236. 绝缘夹钳绝缘部分的_____与树脂间黏接完好不得开胶。

答案：玻璃纤维布

见《国家电网有限公司电力安全工器具管理规定》[国网（安监/4）289-2022]附录6

237. 绝缘夹钳的规格应与被操作线路的_____相符合。

答案：电压等级

见《国家电网有限公司电力安全工器具管理规定》[国网（安监/4）289-2022]附录6

238. 操作时，应穿戴护目眼镜、绝缘手套和绝缘鞋或站在绝缘台（垫）上，精神集中，保持身体平衡，握紧绝缘夹钳不使其_____。

答案：滑脱落下

见《国家电网有限公司电力安全工器具管理规定》[国网（安监/4）289-2022]附录6

239. 使用绝缘夹钳操作时，人体应与带电设备应保持足够的安全距离，操作者的_____不得越过护环，以保持有效的绝缘长度，并注意防止绝缘夹钳被人体或设备短接。

答案：手握部位

见《国家电网有限公司电力安全工器具管理规定》[国网（安监/4）289-2022]附录6

240. _____时应佩戴带电作业用安全帽，其他要求同安全帽。

答案：带电作业

见《国家电网有限公司电力安全工器具管理规定》[国网（安监/4）289-2022]附录6

241. 绝缘服装整体应具有足够的弹性且平坦，并采用_____方式。

答案：无缝制作

见《国家电网有限公司电力安全工器具管理规定》[国网（安监/4）289-2022]附录6

242. 绝缘服装应根据使用电压的高低、_____来选择。

答案：不同防护条件

见《国家电网有限公司电力安全工器具管理规定》[国网（安监/4）289-2022]附录6

243. 复合绝缘手套还应具有_____符号。其他要求同绝缘手套。

答案：机械防护

见《国家电网有限公司电力安全工器具管理规定》[国网（安监/4）289-2022]附录6

244. 带电作业用绝缘手套应根据使用电压的高低、_____来选择。

答案：不同防护条件

见《国家电网有限公司电力安全工器具管理规定》[国网（安监/4）289-2022]附录6

245. 带电作业用绝缘手套应避免不必要地暴露在高温、_____下。

答案：阳光

见《国家电网有限公司电力安全工器具管理规定》[国网（安监/4）289-2022]附录6

246. 带电作业用绝缘毯包裹_____时，应牢固不松脱。

答案：导体

见《国家电网有限公司电力安全工器具管理规定》[国网（安监/4）289-2022]附录6

247. 绝缘硬梯的各部件应完整光滑，无气泡、皱纹、开裂或损伤，玻璃纤维布与_____间黏接完好不得开胶，杆段间连接牢固无松动，整梯无松散。

答案：树脂

见《国家电网有限公司电力安全工器具管理规定》[国网（安监/4）289-2022]附录 6

248.带电作业用绝缘硬梯的金属连接件无目测可见的_____，防护层完整，活动部件灵活。

答案：变形

见《国家电网有限公司电力安全工器具管理规定》[国网（安监/4）289-2022]附录 6

249.带电作业用绝缘硬梯使用高度超过_____，请务必在梯子中上部设立 φ8mm 以上拉线。

答案：5m

见《国家电网有限公司电力安全工器具管理规定》[国网（安监/4）289-2022]附录 6

250.带电作业用绝缘硬梯应根据使用电压等级来选择，不得_____使用。

答案：越级

见《国家电网有限公司电力安全工器具管理规定》[国网（安监/4）289-2022]附录 6

251.使用带电作业用绝缘硬梯时，绝对禁止超过梯子的_____。

答案：工作负荷

见《国家电网有限公司电力安全工器具管理规定》[国网（安监/4）289-2022]附录 6

252.使用带电作业用绝缘硬梯时，身体保持在梯梆的_____中间，保持正直，不能伸到外面。

答案：横撑

见《国家电网有限公司电力安全工器具管理规定》[国网（安监/4）289-2022]附录 6

253.绝缘托瓶架各部位外形应_____，不得有尖锐棱角。

答案：倒圆弧

见《国家电网有限公司电力安全工器具管理规定》〔国网（安监/4）289-2022〕附录 6

254. 绝缘绳（绳索类工具）的标志应清晰，每股绝缘绳索及每股线均应紧密绞合，不得有松散、_____的现象。

答案：分股

见《国家电网有限公司电力安全工器具管理规定》〔国网（安监/4）289-2022〕附录 6

255. 绝缘绳的股绳和股线的_____及纬线在其全长上应均匀。

答案：捻距

见《国家电网有限公司电力安全工器具管理规定》〔国网（安监/4）289-2022〕附录 6

256. 常规型绝缘绳（绳索类工具）适用于_____气候条件下的带电作业。

答案：晴朗干燥

见《国家电网有限公司电力安全工器具管理规定》〔国网（安监/4）289-2022〕附录 6

257. 可根据绝缘绳使用_____和状况，并考虑到电气化学和环境储存等因素可能造成的老化，确定绝缘绳（绳索类工具）的使用年限。

答案：频度

见《国家电网有限公司电力安全工器具管理规定》〔国网（安监/4）289-2022〕附录 6

258. 绝缘软梯的绳扣接头应采用_____，接头应紧密匀称。

答案：镶嵌方式

见《国家电网有限公司电力安全工器具管理规定》〔国网（安监/4）289-2022〕附录 6

259. 绝缘软梯内、外纬线的节距应匀称，股线连接接头应牢固，且应嵌入_____内，不得突露在外表面。

答案：编织层

见《国家电网有限公司电力安全工器具管理规定》[国网（安监/4）289-2022]附录6

260. 绝缘软梯的绳索各股中绳纱及无捻连接的＿＿＿＿＿＿应相同。

答案：单丝数

见《国家电网有限公司电力安全工器具管理规定》[国网（安监/4）289-2022]附录6

261. 绝缘软梯的绳扎接头应从绳索套扣下端开始，且每绳股应连续镶嵌5道，镶嵌成的接头应紧密匀称，末端应用＿＿＿＿＿＿牢固绑扎。

答案：丝线

见《国家电网有限公司电力安全工器具管理规定》[国网（安监/4）289-2022]附录6

262. 绝缘软梯中用作横蹬的＿＿＿＿＿＿布管应平整、光滑、外表面涂有绝缘漆。

答案：环氧酚醛层压玻璃

见《国家电网有限公司电力安全工器具管理规定》[国网（安监/4）289-2022]附录6

263. 绝缘软梯的金属心形环边缘呈＿＿＿＿＿＿，表面镀锌层良好，无目测可见的锈蚀。

答案：圆弧状

见《国家电网有限公司电力安全工器具管理规定》[国网（安监/4）289-2022]附录6

264. 绝缘软梯头各部件连接应紧密牢固，整体性好；软梯头＿＿＿＿＿＿与轴应润滑、可靠。

答案：滚轮

见《国家电网有限公司电力安全工器具管理规定》[国网（安监/4）289-2022]附录6

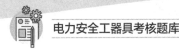
265. 在导、地线上悬挂软梯进行等电位作业前，应检查本档两端杆塔处导、地线的_____，经检查无误后方可攀登。

答案：紧固情况

见《国家电网有限公司电力安全工器具管理规定》[国网（安监/4）289-2022]附录6

266. 带电作业用绝缘滑车的滑轮槽底光滑，在_____上转动灵活，无卡阻和碰擦轮缘现象。

答案：中轴

见《国家电网有限公司电力安全工器具管理规定》[国网（安监/4）289-2022]附录6

267. 带电作业用绝缘滑车的吊钩及吊环在吊梁上应转动灵活，应采用_____。

答案：开槽螺母

见《国家电网有限公司电力安全工器具管理规定》[国网（安监/4）289-2022]附录6

268. 线路作业中使用绝缘滑车应有防止脱钩的保险装置，否则必须采取_____措施。

答案：封口

见《国家电网有限公司电力安全工器具管理规定》[国网（安监/4）289-2022]附录6

269. 绝缘绳索与导线接触面的部位应镶有_____的衬垫。

答案：橡胶材质

见《国家电网有限公司电力安全工器具管理规定》[国网（安监/4）289-2022]附录6

270. 带电作业用提线工具的各部件组装应配合紧密可靠，_____、换向装置转动灵活，连接销轴牢固，保险可靠。

答案：调节螺杆

见《国家电网有限公司电力安全工器具管理规定》[国网（安监/4）289-

2022〕附录 6

271. 用卷曲法或_____检查辅助型绝缘手套有无漏气现象。

答案：充气法

见《国家电网有限公司电力安全工器具管理规定》〔国网（安监/4）289-2022〕附录 6

272. 作业时，应将_____套入辅助型绝缘手套筒口内。

答案：上衣袖口

见《国家电网有限公司电力安全工器具管理规定》〔国网（安监/4）289-2022〕附录 6

273. 穿用电绝缘皮鞋和_____时，其工作环境应能保持鞋面干燥。

答案：电绝缘布面胶鞋

见《国家电网有限公司电力安全工器具管理规定》〔国网（安监/4）289-2022〕附录 6

274. 在各类高压电气设备上工作时，使用绝缘靴（鞋），可配合基本安全用具（如绝缘棒、绝缘夹钳）触及带电部分，并要防护_____所引起的电击伤害。

答案：跨步电压

见《国家电网有限公司电力安全工器具管理规定》〔国网（安监/4）289-2022〕附录 6

275. 脚扣的标识清晰完整，_____及焊缝无任何裂纹和目测可见的变形，表面光洁，边缘呈圆弧形。

答案：金属母材

见《国家电网有限公司电力安全工器具管理规定》〔国网（安监/4）289-2022〕附录 6

276. 脚扣的_____可靠，防止围杆钩在扣体内脱落。

答案：保险装置

见《国家电网有限公司电力安全工器具管理规定》〔国网（安监/4）289-2022〕附录 6

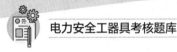

277. 脚扣的_____与小爪钢板、围杆钩连接牢固，覆盖完整，无破损。

答案：橡胶防滑块

见《国家电网有限公司电力安全工器具管理规定》[国网（安监/4）289-2022]附录6

278. 登杆前，应在杆根处对脚扣进行一次_____，无异常方可继续使用。

答案：冲击试验

见《国家电网有限公司电力安全工器具管理规定》[国网（安监/4）289-2022]附录6

279. 特殊天气使用脚扣时，应采取_____。

答案：防滑措施

见《国家电网有限公司电力安全工器具管理规定》[国网（安监/4）289-2022]附录6

280. 升降板的心型环完整、下部有_____，绳索无断股、霉变或严重磨损。

答案：插花

见《国家电网有限公司电力安全工器具管理规定》[国网（安监/4）289-2022]附录6

281. 升降板的踏板无严重磨损，有防滑_____。

答案：花纹

见《国家电网有限公司电力安全工器具管理规定》[国网（安监/4）289-2022]附录6

282. 梯子的踏棍（板）与_____连接牢固，整梯无松散，各部件无变形。

答案：梯梁

见《国家电网有限公司电力安全工器具管理规定》[国网（安监/4）289-2022]附录6

283. 升降梯升降灵活，＿＿＿＿＿＿可靠。

答案：锁紧装置

见《国家电网有限公司电力安全工器具管理规定》[国网（安监/4）289-2022]附录6

284. 梯子应能承受作业人员及所携带的工具、材料攀登时的＿＿＿＿＿＿。

答案：总重量

见《国家电网有限公司电力安全工器具管理规定》[国网（安监/4）289-2022]附录6

285. 梯子不得接长或垫高使用。如需接长时，应用铁卡子或绳索切实卡住或绑牢并＿＿＿＿＿＿。

答案：加设支撑

见《国家电网有限公司电力安全工器具管理规定》[国网（安监/4）289-2022]附录6

286. 梯子应放置稳固，梯脚要有＿＿＿＿＿＿。

答案：防滑装置

见《国家电网有限公司电力安全工器具管理规定》[国网（安监/4）289-2022]附录6

287. 有人员在梯子上工作时，梯子应有人＿＿＿＿＿＿和监护。

答案：扶持

见《国家电网有限公司电力安全工器具管理规定》[国网（安监/4）289-2022]附录6

288. 人字梯应具有坚固的铰链和＿＿＿＿＿＿的拉链。

答案：限制开度

见《国家电网有限公司电力安全工器具管理规定》[国网（安监/4）289-2022]附录6

289. 靠在管子上、导线上使用梯子时，其上端需用_____或用绳索绑牢。

答案：挂钩挂住

见《国家电网有限公司电力安全工器具管理规定》[国网（安监/4）289-2022]附录6

290. 梯子不准放在门前使用，必要时采取_____的措施。

答案：防止门突然开启

见《国家电网有限公司电力安全工器具管理规定》[国网（安监/4）289-2022]附录6

291. 严禁人在梯子上时_____，严禁上下抛递工具、材料。

答案：移动梯子

见《国家电网有限公司电力安全工器具管理规定》[国网（安监/4）289-2022]附录6

292. 在变电站高压设备区或高压室内应使用绝缘材料的梯子，禁止使用_____。

答案：金属梯子

见《国家电网有限公司电力安全工器具管理规定》[国网（安监/4）289-2022]附录6

293. 软梯的股绳和股线的_____及纬线在其全长上应均匀。

答案：捻距

见《国家电网有限公司电力安全工器具管理规定》[国网（安监/4）289-2022]附录6

294. 工作人员到达梯头上进行工作和梯头开始移动前，应将梯头的封口可靠封闭，否则应使用_____防止梯头脱钩。

答案：保护绳

见《国家电网有限公司电力安全工器具管理规定》[国网（安监/4）289-2022]附录6

295. 在_____线路上禁止挂软梯作业。

答案：瓷横担

见《国家电网有限公司电力安全工器具管理规定》[国网（安监/4）289-2022]附录6

296. 快装脚手架的复合材料构件表面应光滑，纤维布（毡、丝）与_____间黏接完好，不得开胶。

答案：树脂

见《国家电网有限公司电力安全工器具管理规定》[国网（安监/4）289-2022]附录6

297. 快装脚手架的外支撑杆应能调节长度，并有效锁止，支撑脚底部应有_____。

答案：防滑功能

见《国家电网有限公司电力安全工器具管理规定》[国网（安监/4）289-2022]附录6

298. 快装脚手架的底脚应能调节高低且有效锁止，轮脚均应具有_____。

答案：刹车功能

见《国家电网有限公司电力安全工器具管理规定》[国网（安监/4）289-2022]附录6

299. 在使用前，全面检查已搭建好的脚手架，保证遵循所有的_____，保证脚手架的零件没有任何损坏。

答案：装配须知

见《国家电网有限公司电力安全工器具管理规定》[国网（安监/4）289-2022]附录6

300. 当平台上有人和_____时，不要移动或调整脚手架。

答案：物品

见《国家电网有限公司电力安全工器具管理规定》[国网（安监/4）289-2022]附录6

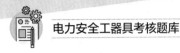

301. 如果在基座部分增加了垂直的延伸装置，必须在快装脚手架上使用外支撑或_____进行固定。

答案：加宽工具

见《国家电网有限公司电力安全工器具管理规定》［国网（安监/4）289-2022］附录6

302. 当快装脚手架平台高度超过1.20m时，必须使用_____。

答案：安全护栏

见《国家电网有限公司电力安全工器具管理规定》［国网（安监/4）289-2022］附录6

303. 拆卸型检修平台的金属材料零件表面应光滑、平整，棱边应_____、不应有尖锐棱角，应进行防腐处理。

答案：倒圆弧

见《国家电网有限公司电力安全工器具管理规定》［国网（安监/4）289-2022］附录6

304. 升降型检修平台升降锁止机构应开启灵活、定位准确、锁止牢固且不损伤_____。

答案：横档

见《国家电网有限公司电力安全工器具管理规定》［国网（安监/4）289-2022］附录6

305. 升降型检修平台应装有机械式_____，保证升降框架与主框架之间有足够的安全搭接量。

答案：强制限位器

见《国家电网有限公司电力安全工器具管理规定》［国网（安监/4）289-2022］附录6

306. 防护眼镜保管于干净、_____的地方。

答案：不易碰撞

见《国家电网有限公司电力安全工器具管理规定》［国网（安监/4）289-2022］附录7

307. 空气呼吸器在贮存时应装入_____内，避免长时间曝晒。

答案：包装箱

见《国家电网有限公司电力安全工器具管理规定》[国网（安监/4）289-2022]附录7

308. 防电弧服贮存前必须洗净、晾干。不得与有腐蚀性物品放在一起，存放处应_____，避免长时间接触地气受潮。

答案：干燥通风

见《国家电网有限公司电力安全工器具管理规定》[国网（安监/4）289-2022]附录7

309. 橡胶和塑料制成的耐酸服存放时应注意避免接触高温，用后清洗晾干，避免暴晒，长期保存应_____以防粘连。

答案：撒上滑石粉

见《国家电网有限公司电力安全工器具管理规定》[国网（安监/4）289-2022]附录7

310. 绝缘手套应存放在干燥、阴凉的_____内，与其他工具分开放置，其上不得堆压任何物件，以免刺破手套。

答案：专用柜

见《国家电网有限公司电力安全工器具管理规定》[国网（安监/4）289-2022]附录7

311. 绝缘手套不允许放在过冷、过热、阳光直射和有酸、碱、药品的地方，以防_____老化，降低绝缘性能。

答案：胶质

见《国家电网有限公司电力安全工器具管理规定》[国网（安监/4）289-2022]附录7

312. 橡胶、塑料类等耐酸手套长期不用可撒涂_____，以免发生粘连。

答案：少量滑石粉

见《国家电网有限公司电力安全工器具管理规定》[国网（安监/4）289-

2022〕附录 7

313. 绝缘靴（鞋）贮存期限（自生产日期起计算）超过 24 个月的产品须逐只进行_____，只有符合标准规定的鞋，方可以电绝缘鞋销售或使用。

答案：电性能预防性试验

见《国家电网有限公司电力安全工器具管理规定》〔国网（安监 /4）289-2022〕附录 7

314. 电绝缘胶靴应存放在干燥、阴凉的专用柜内或_____。

答案：支架上

见《国家电网有限公司电力安全工器具管理规定》〔国网（安监 /4）289-2022〕附录 7

315. 耐酸靴穿用后，应立即用水冲洗，存放阴凉处，撒_____，以防粘连。

答案：滑石粉

见《国家电网有限公司电力安全工器具管理规定》〔国网（安监 /4）289-2022〕附录 7

316. 绝缘遮蔽罩使用后应擦拭干净，装入_____内，放置于清洁、干燥通风的架子或专用柜内，上面不得堆压任何物件。

答案：包装袋

见《国家电网有限公司电力安全工器具管理规定》〔国网（安监 /4）289-2022〕附录 7

317. 绝缘杆应架在支架上或_____，且不得贴墙放置。

答案：悬挂起来

见《国家电网有限公司电力安全工器具管理规定》〔国网（安监 /4）289-2022〕附录 7

318. 接地线不用时将软铜线盘好，宜存放在专用架上，架上的号码与_____应一致。

答案：接地线的号码

见《国家电网有限公司电力安全工器具管理规定》[国网（安监/4）289-2022] 附录7

319. 验电器使用后应存放在防潮盒或_____内，置于通风干燥处。

答案：绝缘安全工器具存放柜

见《国家电网有限公司电力安全工器具管理规定》[国网（安监/4）289-2022] 附录7

320. 绝缘夹钳应保存在专用的箱子或匣子里以防受潮和_____。

答案：磨损

见《国家电网有限公司电力安全工器具管理规定》[国网（安监/4）289-2022] 附录7

321. 安全带储存时，应对安全带定期进行_____检查，发现异常必须立即更换。

答案：外观

见《国家电网有限公司电力安全工器具管理规定》[国网（安监/4）289-2022] 附录7

322. 安全绳每次使用后应检查，并_____清洗。

答案：定期

见《国家电网有限公司电力安全工器具管理规定》[国网（安监/4）289-2022] 附录7

323. 安全网应储存在通风、避免阳光直射的干燥环境，不应在_____附近储存。

答案：热源

见《国家电网有限公司电力安全工器具管理规定》[国网（安监/4）289-2022] 附录7

324. 如果纤维带浸过泥水、油污等，应使用清水（勿用化学洗涤剂）和软刷对纤维带进行刷洗，清洗后放在阴凉处自然干燥，并存放在_____的环境下。

答案：干燥少尘

见《国家电网有限公司电力安全工器具管理规定》[国网（安监 /4）289-2022］附录 7

325. 静电防护服装使用后用_____、软布蘸中性洗涤剂刷洗，不可损伤服料纤维。

答案：软毛刷

见《国家电网有限公司电力安全工器具管理规定》[国网（安监 /4）289-2022］附录 7

326. 屏蔽服装应包装在一个里面衬有丝绸布的_____里，避免导电织物的导电材料在空气中氧化。

答案：塑料袋

见《国家电网有限公司电力安全工器具管理规定》[国网（安监 /4）289-2022］附录 7

327. 安全围栏（网）应保持完整、清洁无污垢，_____存放。

答案：成捆整齐

见《国家电网有限公司电力安全工器具管理规定》[国网（安监 /4）289-2022］附录 7

328. 标识牌、安全警告牌等，应外观_____，无弯折、无锈蚀，摆放整齐。

答案：醒目

见《国家电网有限公司电力安全工器具管理规定》[国网（安监 /4）289-2022］附录 7

329. 电力安全工器具库房应根据国家消防有关规定和公司消防安全要求配备_____。

答案：消防设施器材

见《国家电网有限公司电力安全工器具管理规定》[国网（安监 /4）289-2022］附录 8

330. 电力安全工器具库房外墙应设置_____。

答案：标识牌

见《国家电网有限公司电力安全工器具管理规定》〔国网（安监/4）289-2022〕附录8

331. 电力安全工器具库房宜具备_____控制、调节功能。

答案：温湿度

见《国家电网有限公司电力安全工器具管理规定》〔国网（安监/4）289-2022〕附录8

332. 电力安全工器具库房所在专业室、班组或供电所，应指定一名_____，落实并开展相关工作。

答案：库房管理人员

见《国家电网有限公司电力安全工器具管理规定》〔国网（安监/4）289-2022〕附录8

333. 电力安全工器具库房所在专业室、班组或供电所，应按照"_____"原则，全面负责库房的日常检查、维护和管理。

答案：谁使用、谁管理

见《国家电网有限公司电力安全工器具管理规定》〔国网（安监/4）289-2022〕附录8

334. 电力安全工器具库房可配置_____打印机。

答案：RFID 标签

见《国家电网有限公司电力安全工器具管理规定》〔国网（安监/4）289-2022〕附录8

335. 库房专责人应根据_____提报安全工器具采购申请，以满足生产作业实际需求。

答案：库存情况

见《国家电网有限公司电力安全工器具管理规定》〔国网（安监/4）289-2022〕附录8

336. 电力安全工器具库房所在专业室、班组或供电所，应将库房环境状态、测控及信息系统运行状况，纳入_____范围。

答案：日常运维

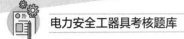

见《国家电网有限公司电力安全工器具管理规定》[国网（安监/4）289-2022]附录8

337.＿＿＿＿＿＿标示牌应悬挂在线路断路器（开关）和隔离开关（刀闸）把手上。

答案："禁止合闸，线路有人工作！"

见《国家电网公司电力安全工作规程　线路部分》（Q/GDW 1799.2—2013）附录J

338.＿＿＿＿＿＿标示牌应悬挂在接地刀闸与检修设备之间的断路器（开关）操作把手上。

答案："禁止分闸！"

见《国家电网公司电力安全工作规程　线路部分》（Q/GDW 1799.2—2013）附录J

339.＿＿＿＿＿＿标示牌应悬挂在工作地点或检修设备上。

答案："在此工作！"

见《国家电网公司电力安全工作规程　线路部分》（Q/GDW 1799.2—2013）附录J

340.＿＿＿＿＿＿标示牌应悬挂在施工地点邻近带电设备的遮栏上。

答案："止步，高压危险！"

见《国家电网公司电力安全工作规程　线路部分》（Q/GDW 1799.2—2013）附录J

341.＿＿＿＿＿＿标示牌应悬挂在室外工作地点的围栏上。

答案："止步，高压危险！"

见《国家电网公司电力安全工作规程　线路部分》（Q/GDW 1799.2—2013）附录J

342.＿＿＿＿＿＿标示牌应悬挂在禁止通行的过道上。

答案："止步，高压危险！"

见《国家电网公司电力安全工作规程　线路部分》（Q/GDW 1799.2—2013）附录J

343._____标示牌应悬挂在高压试验地点。

答案："止步，高压危险！"

见《国家电网公司电力安全工作规程 线路部分》（Q/GDW 1799.2—2013）附录 J

344._____标示牌应悬挂在室外构架上。

答案："止步，高压危险！"

见《国家电网公司电力安全工作规程 线路部分》（Q/GDW 1799.2—2013）附录 J

345._____标示牌应悬挂在工作地点邻近带电设备的横梁上。

答案："止步，高压危险！"

见《国家电网公司电力安全工作规程 线路部分》（Q/GDW 1799.2—2013）附录 J

346._____标示牌应悬挂在室外工作地点围栏的出入口处。

答案："从此进出！"

见《国家电网公司电力安全工作规程 线路部分》（Q/GDW 1799.2—2013）附录 J

347._____标示牌应悬挂在高压配电装置构架的爬梯上。

答案："禁止攀登，高压危险！"

见《国家电网公司电力安全工作规程 线路部分》（Q/GDW 1799.2—2013）附录 J

348._____标示牌应悬挂在变压器设备的爬梯上。

答案："禁止攀登，高压危险！"

见《国家电网公司电力安全工作规程 线路部分》（Q/GDW 1799.2—2013）附录 J

349._____标示牌应悬挂在电抗器等设备的爬梯上。

答案："禁止攀登，高压危险！"

见《国家电网公司电力安全工作规程 线路部分》（Q/GDW 1799.2—2013）附录 J

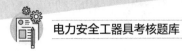

350._____标示牌应悬挂在工作人员可以上下的铁架上。

答案："从此上下！"

见《国家电网公司电力安全工作规程 线路部分》（Q/GDW 1799.2—2013）附录 J

351._____标示牌应悬挂在工作人员可以上下的爬梯上。

答案："从此上下！"

见《国家电网公司电力安全工作规程 线路部分》（Q/GDW 1799.2—2013）附录 J

352."从此上下！"标示牌的尺寸为_____。

答案：250mm×250mm

见《国家电网公司电力安全工作规程 线路部分》（Q/GDW 1799.2—2013）附录 J

353."从此进出！"标示牌的尺寸为_____。

答案：250mm×250mm

见《国家电网公司电力安全工作规程 线路部分》（Q/GDW 1799.2—2013）附录 J

354.电容型验电器的工频耐压试验周期是_____。

答案：1年

见《国家电网公司电力安全工作规程 线路部分》（Q/GDW 1799.2—2013）附录 L

355.电容型验电器的启动电压试验周期是_____。

答案：1年

见《国家电网公司电力安全工作规程 线路部分》（Q/GDW 1799.2—2013）附录 L

356.电容型验电器的启动电压试验时，接触电极应与_____相接触。

答案：试验电极

见《国家电网公司电力安全工作规程 线路部分》（Q/GDW 1799.2—2013）

附录 L

357. 携带型短路接地线成组直流电阻试验同一批次抽测，不少于 2 条，接线鼻与_____压接的应做该试验。

答案：软导线

见《国家电网公司电力安全工作规程　线路部分》（Q/GDW 1799.2—2013）附录 L

358. 携带型短路接地线进行的操作棒工频耐压试验周期是_____。

答案：5 年

见《国家电网公司电力安全工作规程　线路部分》（Q/GDW 1799.2—2013）附录 L

359. 携带型短路接地线进行的操作棒工频耐压试验电压应加在_____与紧固头之间。

答案：护环

见《国家电网公司电力安全工作规程　线路部分》（Q/GDW 1799.2—2013）附录 L

360. 个人保安线进行成组直流电阻试验周期不超过_____。

答案：5 年

见《国家电网公司电力安全工作规程　线路部分》（Q/GDW 1799.2—2013）附录 L

361. 绝缘杆工频耐压试验周期是_____。

答案：1 年

见《国家电网公司电力安全工作规程　线路部分》（Q/GDW 1799.2—2013）附录 L

362. 额定电压为 10kV 的核相器连接导线绝缘强度试验中工频耐压持续时间是_____。

答案：5min

见《国家电网公司电力安全工作规程　线路部分》（Q/GDW 1799.2—2013）附录 L

363. 额定电压为 35kV 的核相器连接导线绝缘强度试验中工频耐压持续时间是＿＿＿＿＿。

答案：5min

见《国家电网公司电力安全工作规程　线路部分》(Q/GDW 1799.2—2013) 附录 L

364. 额定电压为 10kV 的核相器绝缘部分工频耐压试验持续时间是＿＿＿＿＿。

答案：1min

见《国家电网公司电力安全工作规程　线路部分》(Q/GDW 1799.2—2013) 附录 L

365. 额定电压为 35kV 的核相器绝缘部分工频耐压试验持续时间是＿＿＿＿＿。

答案：1min

见《国家电网公司电力安全工作规程　线路部分》(Q/GDW 1799.2—2013) 附录 L

366. 额定电压为 10kV 的核相器电阻管泄漏电流试验工频耐压是＿＿＿＿＿。

答案：10kV

见《国家电网公司电力安全工作规程　线路部分》(Q/GDW 1799.2—2013) 附录 L

367. 额定电压为 35kV 的核相器电阻管泄漏电流试验工频耐压是＿＿＿＿＿。

答案：35kV

见《国家电网公司电力安全工作规程　线路部分》(Q/GDW 1799.2—2013) 附录 L

368. 核相器动作电压试验中其最低动作电压应达＿＿＿＿＿倍额定电压。

答案：0.25

见《国家电网公司电力安全工作规程 线路部分》(Q/GDW 1799.2—2013)附录L

369. 额定电压为10kV的绝缘罩工频耐压试验时间是_____。

答案：1min

见《国家电网公司电力安全工作规程 线路部分》(Q/GDW 1799.2—2013)附录L

370. 额定电压为6～35kV的绝缘隔板表面工频耐压试验的持续时间是_____。

答案：1min

见《国家电网公司电力安全工作规程 线路部分》(Q/GDW 1799.2—2013)附录L

371. 绝缘隔板工频耐压试验周期是_____。

答案：1年

见《国家电网公司电力安全工作规程 线路部分》(Q/GDW 1799.2—2013)附录L

372. 绝缘隔板表面工频耐压试验周期是_____。

答案：1年

见《国家电网公司电力安全工作规程 线路部分》(Q/GDW 1799.2—2013)附录L

373. 额定电压为35kV的绝缘隔板工频耐压试验持续时间是_____。

答案：1min

见《国家电网公司电力安全工作规程 线路部分》(Q/GDW 1799.2—2013)附录L

374. 绝缘胶垫的工频耐压试验周期是_____。

答案：1年

见《国家电网公司电力安全工作规程 线路部分》(Q/GDW 1799.2—2013)附录L

375. 电压等级为低压的绝缘胶垫工频耐压试验持续时间是＿＿＿＿＿＿。

答案：1min

见《国家电网公司电力安全工作规程　线路部分》（Q/GDW 1799.2—2013）附录L

376. 绝缘靴的工频耐压试验周期是＿＿＿＿＿＿。

答案：半年

见《国家电网公司电力安全工作规程　线路部分》（Q/GDW 1799.2—2013）附录L

377. 绝缘靴的工频耐压试验持续时间是＿＿＿＿＿＿。

答案：1min

见《国家电网公司电力安全工作规程　线路部分》（Q/GDW 1799.2—2013）附录L

378. 绝缘手套的工频耐压试验周期是＿＿＿＿＿＿。

答案：半年

见《国家电网公司电力安全工作规程　线路部分》（Q/GDW 1799.2—2013）附录L

379. 电压等级为低压的绝缘手套工频耐压试验持续时间是＿＿＿＿＿＿。

答案：1min

见《国家电网公司电力安全工作规程　线路部分》（Q/GDW 1799.2—2013）附录L

380. 电压等级为高压的绝缘手套工频耐压试验持续时间是＿＿＿＿＿＿。

答案：1min

见《国家电网公司电力安全工作规程　线路部分》（Q/GDW 1799.2—2013）附录L

381. 导电鞋进行的直流电阻试验穿用时间不超过＿＿＿＿＿＿。

答案：200h

见《国家电网公司电力安全工作规程　线路部分》（Q/GDW 1799.2—2013）附录L

382. 绝缘夹钳的工频耐压试验周期是_____。

答案：1年

见《国家电网公司电力安全工作规程　线路部分》（Q/GDW 1799.2—2013）附录L

383. 绝缘绳的工的频耐压试验周期是_____。

答案：6个月

见《国家电网公司电力安全工作规程　线路部分》（Q/GDW 1799.2—2013）附录L

384. 安全带的静负荷试验周期是_____。

答案：1年

见《国家电网公司电力安全工作规程　线路部分》（Q/GDW 1799.2—2013）附录M

385. 安全帽进行冲击性能试验时其受冲击力小于_____。

答案：4900N

见《国家电网公司电力安全工作规程　线路部分》（Q/GDW 1799.2—2013）附录M

386. 安全帽进行耐穿刺性能试验时_____不接触头模表面。

答案：钢锥

见《国家电网公司电力安全工作规程　线路部分》（Q/GDW 1799.2—2013）附录M

387. 安全帽在使用期满后，_____后该批方可继续使用，以后每年抽验一次。

答案：抽查合格

见《国家电网公司电力安全工作规程　线路部分》（Q/GDW 1799.2—2013）附录M

388. 脚扣的静负荷试验周期是_____。

答案：1年

见《国家电网公司电力安全工作规程　线路部分》（Q/GDW 1799.2—2013）

附录 M

389. 升降板的静负荷试验周期是_____。

答案：半年

见《国家电网公司电力安全工作规程　线路部分》（Q/GDW 1799.2—2013）附录 M

390. 竹梯的静负荷试验周期是_____。

答案：半年

见《国家电网公司电力安全工作规程　线路部分》（Q/GDW 1799.2—2013）附录 M

391. 木梯的静负荷试验周期是_____。

答案：半年

见《国家电网公司电力安全工作规程　线路部分》（Q/GDW 1799.2—2013）附录 M

392. 软梯的静负荷试验周期是_____。

答案：半年

见《国家电网公司电力安全工作规程　线路部分》（Q/GDW 1799.2—2013）附录 M

393. 钩梯的静负荷试验周期是_____。

答案：半年

见《国家电网公司电力安全工作规程　线路部分》（Q/GDW 1799.2—2013）附录 M

394. 防坠自锁器的静荷试验周期是_____。

答案：1 年

见《国家电网公司电力安全工作规程　线路部分》（Q/GDW 1799.2—2013）附录 M

395. 缓冲器静荷试验周期是_____。

答案：1 年

见《国家电网公司电力安全工作规程 线路部分》（Q/GDW 1799.2—2013）附录 M

396. 速差自控器静荷试验周期是_____。

答案：1 年

见《国家电网公司电力安全工作规程 线路部分》（Q/GDW 1799.2—2013）附录 M

五、名词解释

1. 何谓安全工器具?

答案: 安全工器具是指为防止触电、灼烫、高处坠落、中毒和窒息、火灾、淹溺、机械伤害等事故或职业危害,保障工作人员人身安全的个体防护装备、绝缘安全工器具、登高工器具、安全围栏(网)和标识牌等专用工具和器具。

见《国家电网有限公司电力安全工器具管理规定》[国网(安监/4)289-2022]第一章第二条

2. 何谓个体防护装备?

答案: 个体防护装备是指保护人体避免受到急性伤害而使用的安全用具。

见《国家电网有限公司电力安全工器具管理规定》[国网(安监/4)289-2022]附录1

3. 何谓安全带?

答案: 安全带是防止高处作业人员发生坠落或发生坠落后将作业人员安全悬挂的个体防护装备。

见《国家电网有限公司电力安全工器具管理规定》[国网(安监/4)289-2022]附录1

4. 何谓围杆作业安全带?

答案: 围杆作业安全带是通过围绕在固定构造物上的绳或带将人体绑定在固定构造物附近,使作业人员双手可以进行其他操作的安全带。

见《国家电网有限公司电力安全工器具管理规定》[国网(安监/4)289-2022]附录1

5. 何谓区域限制安全带?

答案: 区域限制安全带是用于限制作业人员的活动范围，避免其到达可能发生坠落区域的安全带。

见《国家电网有限公司电力安全工器具管理规定》[国网（安监/4）289-2022]附录1

6. 何谓坠落悬挂安全带?

答案: 坠落悬挂安全带是指高处作业或登高人员发生坠落时，将作业人员安全悬挂的安全带。

见《国家电网有限公司电力安全工器具管理规定》[国网（安监/4）289-2022]附录1

7. 何谓安全绳?

答案: 安全绳是连接安全带系带与挂点的绳（带、钢丝绳等）。

见《国家电网有限公司电力安全工器具管理规定》[国网（安监/4）289-2022]附录1

8. 何谓连接器?

答案: 连接器可以将两种或两种以上元件连接在一起、具有常闭活门的环状零件。

见《国家电网有限公司电力安全工器具管理规定》[国网（安监/4）289-2022]附录1

9. 何谓速差自控器?

答案: 速差自控器是一种安装在挂点上、装有一种可收缩长度的绳（带、钢丝绳）、串联在安全带系带和挂点之间、在坠落发生时因速度变化引发制动作用的装置。

见《国家电网有限公司电力安全工器具管理规定》[国网（安监/4）289-2022]附录1

10. 何谓导轨自锁器?

答案: 导轨自锁器是附着在刚性或柔性导轨上，可随使用者的移动沿导轨滑动，因坠落动作引发制动的装置。

见《国家电网有限公司电力安全工器具管理规定》[国网（安监/4）289-2022]附录1

11. 何谓缓冲器？

答案： 缓冲器是串联在安全带系带和挂点之间，发生坠落时吸收部分冲击能量、降低冲击力的装置

见《国家电网有限公司电力安全工器具管理规定》[国网（安监/4）289-2022]附录1

12. 何谓安全网？

答案： 安全网是用来防止人、物坠落，或用来避免、减轻坠落及物击伤害的网具。

见《国家电网有限公司电力安全工器具管理规定》[国网（安监/4）289-2022]附录1

13. 何谓静电防护服？

答案： 静电防护服是用导电材料与纺织纤维混纺交织成布后做成的服装。

见《国家电网有限公司电力安全工器具管理规定》[国网（安监/4）289-2022]附录1

14. 何谓防电弧服？

答案： 防电弧服是一种用绝缘和防护的隔层制成的保护穿着者身体的防护服装。

见《国家电网有限公司电力安全工器具管理规定》[国网（安监/4）289-2022]附录1

15. 何谓耐酸服？

答案： 耐酸服是适用于从事接触和配制酸类物质作业人员穿戴的具有防酸性能的工作服。

见《国家电网有限公司电力安全工器具管理规定》[国网（安监/4）289-2022]附录1

16. 何谓 SF_6 防护服？

答案： SF_6 防护服是为保护从事 SF_6 电气设备安装、调试、运行维护、试验、检修人员在现场工作的人身安全，避免作业人员遭受氢氟酸、二氧化硫、低氟化物等有毒有害物质的伤害的防护服装。

见《国家电网有限公司电力安全工器具管理规定》[国网（安监/4）289-2022]附录1

17. 何谓耐酸手套？

答案： 耐酸手套是预防酸碱伤害手部的防护手套。

见《国家电网有限公司电力安全工器具管理规定》[国网（安监/4）289-2022]附录1

18. 何谓耐酸靴？

答案： 耐酸靴是采用防水革、塑料、橡胶等为鞋的材料，配以耐酸鞋底经模压、硫化或注压成型，具有防酸性能，适合脚部接触酸溶液溅泼在足部时保护足部不受伤害的防护鞋。

见《国家电网有限公司电力安全工器具管理规定》[国网（安监/4）289-2022]附录1

19. 何谓导电鞋？

答案： 导电鞋（防静电鞋）是由特种性能橡胶制成的，在 220～500kV 带电杆塔上及 330～500kV 带电设备区非带电作业时为防止静电感应电压所穿用的鞋子。

见《国家电网有限公司电力安全工器具管理规定》[国网（安监/4）289-2022]附录1

20. 何谓个人保安线？

答案： 个人保安线用于防止感应电压危害的个人用接地装置。

见《国家电网有限公司电力安全工器具管理规定》[国网（安监/4）289-2022]附录1

21. 何谓 SF_6 气体检漏仪？

答案： SF_6 气体检漏仪是用于绝缘电气设备现场维护时，测量 SF_6 气体含量的专用仪器。

见《国家电网有限公司电力安全工器具管理规定》[国网（安监/4）289-

2022〕附录1

22. 何谓含氧量测试仪？

答案： 含氧量测试仪是检测作业现场（如坑口、隧道等）氧气含量、防止发生中毒事故的仪器。

见《国家电网有限公司电力安全工器具管理规定》〔国网（安监/4）289-2022〕附录1

23. 何谓有害气体检测仪？

答案： 有害气体检测仪是检测作业现场（如坑口、隧道等）有害气体含量、防止发生中毒事故的仪器。

见《国家电网有限公司电力安全工器具管理规定》〔国网（安监/4）289-2022〕附录1

24. 何谓防火服？

答案： 防火服是消防员及高温作业人员近火作业时穿着的防护服装，用来对其上下躯干、头部、手部和脚部进行隔热防护。

见《国家电网有限公司电力安全工器具管理规定》〔国网（安监/4）289-2022〕附录1

25. 何谓基本绝缘安全工器具？

答案： 基本绝缘安全工器具是指能直接操作带电装置、接触或可能接触带电体的工器具。

见《国家电网有限公司电力安全工器具管理规定》〔国网（安监/4）289-2022〕附录1

26. 何谓电容型验电器？

答案： 电容型验电器是通过检测流过验电器对地杂散电容中的电流来指示电压是否存在的装置。

见《国家电网有限公司电力安全工器具管理规定》〔国网（安监/4）289-2022〕附录1

27. 何谓携带型短路接地线？

答案： 携带型短路接地线是用于防止设备、线路突然来电，消除感应电压，放尽剩余电荷的临时接地装置。

见《国家电网有限公司电力安全工器具管理规定》[国网（安监/4）289-2022] 附录1

28. 何谓绝缘杆？

答案： 绝缘杆是由绝缘材料制成，用于短时间对带电设备进行操作或测量的杆类绝缘工具。

见《国家电网有限公司电力安全工器具管理规定》[国网（安监/4）289-2022] 附录1

29. 何谓核相器？

答案： 核相器是用于检别待连接设备、电气回路是否相位相同的装置。

见《国家电网有限公司电力安全工器具管理规定》[国网（安监/4）289-2022] 附录1

30. 何谓绝缘绳？

答案： 绝缘绳是由天然纤维材料或合成纤维材料制成的具有良好电气绝缘性能的绳索。

见《国家电网有限公司电力安全工器具管理规定》[国网（安监/4）289-2022] 附录1

31. 何谓带电作业绝缘安全工器具？

答案： 带电作业绝缘安全工器具是指在带电装置上进行作业或接近带电部分所进行的各种作业所使用的工器具，特别是工作人员身体的任何部分或采用工具、装置或仪器进入限定的带电作业区域的所有作业所使用的工器具。

见《国家电网有限公司电力安全工器具管理规定》[国网（安监/4）289-2022] 附录1

32. 何谓带电作业用安全帽？

答案： 带电作业用安全帽是由绝缘材料制成，有一条脖带和可移动的带头，在带电作业中用于防止工作人员头部触电的帽子。

见《国家电网有限公司电力安全工器具管理规定》[国网（安监/4）289-2022] 附录1

33. 何谓绝缘服装?

答案: 绝缘服装是由绝缘材料制成,用于防止作业人员带电作业时身体触电的服装。

见《国家电网有限公司电力安全工器具管理规定》[国网(安监/4)289-2022]附录1

34. 何谓带电作业用绝缘手套?

答案: 带电作业用绝缘手套是由绝缘橡胶或绝缘合成材料制成,在带电作业中用于防止工作人员手部触电的手套。

见《国家电网有限公司电力安全工器具管理规定》[国网(安监/4)289-2022]附录1

35. 何谓带电作业用绝缘靴(鞋)?

答案: 带电作业用绝缘靴(鞋)由绝缘材料制成,带有防滑的鞋底,在带电作业中用于防止工作人员脚部触电。

见《国家电网有限公司电力安全工器具管理规定》[国网(安监/4)289-2022]附录1

36. 何谓带电作业用绝缘垫?

答案: 带电作业用绝缘垫是由绝缘材料制成,敷设在地面或接地物体上以保护作业人员免遭电击的垫子。

见《国家电网有限公司电力安全工器具管理规定》[国网(安监/4)289-2022]附录1

37. 何谓带电作业用绝缘毯?

答案: 带电作业用绝缘毯是由绝缘材料制成,保护作业人员无意识触及带电体时免遭电击,以及防止电气设备之间短路的毯子。

见《国家电网有限公司电力安全工器具管理规定》[国网(安监/4)289-2022]附录1

38. 何谓带电作业用绝缘硬梯?

答案: 带电作业用绝缘硬梯是由绝缘材料制成,用于带电作业时登高作业的工具。

见《国家电网有限公司电力安全工器具管理规定》[国网（安监/4）289-2022］附录1

39. 何谓绝缘软梯？

答案：绝缘软梯是由绝缘绳和绝缘管组成，用于带电登高作业的工具。

见《国家电网有限公司电力安全工器具管理规定》[国网（安监/4）289-2022］附录1

40. 何谓带电作业用提线工具？

答案：带电作业用提线工具是在带电作业中用于取代直线绝缘子串、承受导线的机械负荷和电气绝缘强度、进行提吊导线的工具。

见《国家电网有限公司电力安全工器具管理规定》[国网（安监/4）289-2022］附录1

41. 何谓辅助绝缘安全工器具？

答案：辅助绝缘安全工器具是指绝缘强度不是承受设备或线路的工作电压，只是用于加强基本绝缘工器具的保安作用，用以防止接触电压、跨步电压、泄漏电流电弧对操作人员伤害的工具。

见《国家电网有限公司电力安全工器具管理规定》[国网（安监/4）289-2022］附录1

42. 何谓辅助型绝缘手套？

答案：辅助型绝缘手套是由特种橡胶制成、起电气辅助绝缘作用的手套。

见《国家电网有限公司电力安全工器具管理规定》[国网（安监/4）289-2022］附录1

43. 何谓辅助型绝缘靴（鞋）？

答案：辅助型绝缘靴（鞋）是由特种橡胶制成、用于人体与地面辅助绝缘的靴（鞋）子。

见《国家电网有限公司电力安全工器具管理规定》[国网（安监/4）289-2022］附录1

44. 何谓辅助型绝缘胶垫？

答案：辅助型绝缘胶垫是由特种橡胶制成、用于加强工作人员对地辅助绝缘的橡胶板。

见《国家电网有限公司电力安全工器具管理规定》[国网（安监/4）289-2022]附录1

45. 何谓登高工器具？

答案： 登高工器具是用于登高作业、临时性高处作业的工具。

见《国家电网有限公司电力安全工器具管理规定》[国网（安监/4）289-2022]附录1

46. 何谓脚扣？

答案： 脚扣是用钢或合金材料制作的攀登电杆的工具。

见《国家电网有限公司电力安全工器具管理规定》[国网（安监/4）289-2022]附录1

47. 何谓升降板（登高板）？

答案： 升降板（登高板）是由脚踏板、吊绳及挂钩组成的攀登电杆的工具。

见《国家电网有限公司电力安全工器具管理规定》[国网（安监/4）289-2022]附录1

48. 何谓梯子？

答案： 梯子是包含有踏档或踏板、可供人上下的装置，一般分为竹（木）梯、铝合金及复合材料梯。

见《国家电网有限公司电力安全工器具管理规定》[国网（安监/4）289-2022]附录1

49. 何谓快装脚手架？

答案： 快装脚手架是指整体结构采用"积木式"组合设计，构件标准化且采用复合材料制作，不需任何安装工具，可在短时间内徒手搭建的一种高处作业平台。

见《国家电网有限公司电力安全工器具管理规定》[国网（安监/4）289-2022]附录1

50. 何谓预防性试验?

答案： 预防性试验是为了发现电力安全工器具的隐患，预防发生设备或人身事故，对其进行的检查、试验或检测。

见《电力安全工器具预防性试验规程》（DL/T 1476—2015）3.2

六、问答题

1. 安全工器具由哪几部分组成？

答案： 安全工器具由个体防护装备、绝缘安全工器具、登高工器具、安全围栏（网）和标识牌等专用工具和器具组成。

见《国家电网有限公司电力安全工器具管理规定》[国网（安监/4）289-2022]第一章第二条

2. 在安全工器具管理方面国网安监部的管理职责是什么？

答案： 国网安监部负责公司系统安全工器具的归口管理。建立健全安全工器具管理工作体系和规章制度，组织监督检查和考核，通报安全工器具安全质量事件，推广应用新型安全工器具，运用信息化手段提高安全工器具管理水平。

见《国家电网有限公司电力安全工器具管理规定》[国网（安监/4）289-2022]第二章第六条

3. 在安全工器具管理方面国网财务部的管理职责是什么？

答案： 国网财务部负责将固定资产零星购置、电网基建、生产大修技改和可控费用等业务预算中安全工器具资金需求纳入公司预算统筹平衡，保证资金投入，并按规定组织做好有关资金管理、会计核算等工作。

见《国家电网有限公司电力安全工器具管理规定》[国网（安监/4）289-2022]第二章第七条

4. 在安全工器具管理方面国网设备部的管理职责是什么？

答案： 国网设备部负责带电作业绝缘安全工器具及配电网工程工器具管理，确定配置标准，汇总、审核本专业年度计划并组织实施。

见《国家电网有限公司电力安全工器具管理规定》[国网（安监/4）289-2022]第二章第七条

5. 在安全工器具管理方面国网基建部的管理职责是什么？

答案： 国网基建部负责输变电工程安全工器具管理，确定配置标准并组织实施。

见《国家电网有限公司电力安全工器具管理规定》[国网（安监/4）289-2022]第二章第七条

6. 在安全工器具管理方面国网物资部的管理职责是什么？

答案： 国网物资部负责按物资采购规范要求，归口管理安全工器具采购、供应商绩效评价等工作。

见《国家电网有限公司电力安全工器具管理规定》[国网（安监/4）289-2022]第二章第七条

7. 在安全工器具管理方面各分部、省公司、直属单位安监部门的管理职责是什么？

答案：（1）明确专人负责安全工器具的监督管理，监督安全工器具采购、验收、试验、使用、保管和报废等全过程的实施工作。

（2）负责组织汇总、审核所属单位安全工器具需求、采购计划和预算（带电作业绝缘安全工器具和工程建设安全工器具除外），将安全工器具纳入年度安措计划，并组织实施。

（3）组织新型安全工器具的研发、审批和推广应用。

（4）组织对安全工器具管理工作、产品质量进行分析、评价及通报。

（5）负责安全工器具库房、试验检测机构（中心）管理指导工作。

见《国家电网有限公司电力安全工器具管理规定》[国网（安监/4）289-2022]第二章第八条

8. 在安全工器具管理方面各分部、省公司、直属单位发展部门的管理职责是什么？

答案： 发展部门负责将专业部门审核后安全工器具购置更新、试验检测及相关设施建设等相关需求计划纳入综合计划统筹平衡；在综合计划下达后，及时分解、实施。

见《国家电网有限公司电力安全工器具管理规定》［国网（安监/4）289-2022］第二章第九条

9. 在安全工器具管理方面各分部、省公司、直属单位财务部门的管理职责是什么？

答案： 财务部门负责将各专业部门审核后的安全工器具项目预算上报公司总部，并按照下达预算及时分解，做好安全工器具有关预算管理、资金管理、会计核算等工作。

见《国家电网有限公司电力安全工器具管理规定》［国网（安监/4）289-2022］第二章第九条

10. 在安全工器具管理方面各分部、省公司、直属单位运检部门的管理职责是什么？

答案： 运检部门负责汇总、审核所属单位带电作业绝缘安全工器具需求及采购计划，以及配置、检查工作。

见《国家电网有限公司电力安全工器具管理规定》［国网（安监/4）289-2022］第二章第九条

11. 在安全工器具管理方面各分部、省公司、直属单位建设部门的管理职责是什么？

答案： 建设部门负责所属单位输变电工程安全工器具管理，并组织、指导建设工程安全工器具的配置及检查工作。

见《国家电网有限公司电力安全工器具管理规定》［国网（安监/4）289-2022］第二章第九条

12. 在安全工器具管理方面各分部、省公司、直属单位物资部门的管理职责是什么？

答案： 物资部门负责采购具体实施；组织开展新购到货安全工器具质量抽检和安全工器具报废处置等工作，并将抽检结果中的产品不合格情况纳入供应商不良行为进行处理。

见《国家电网有限公司电力安全工器具管理规定》［国网（安监/4）289-2022］第二章第九条

13. 在安全工器具管理方面中国电科院、省电科院的管理职责是什么?

答案:（1）贯彻执行国家有关法律法规和国家、行业及公司安全工器具管理相关制度标准和规程规定。

（2）协助管理部门制定安全工器具相关管理制度和技术标准,并做好相关制度标准的宣贯工作。

（3）协助管理部门指导、监督、检查各单位及其下属试验检测机构（中心）的管理工作,指导各单位安全工器具试验检测机构（中心）建设以及试验人员的专业培训工作。

（4）负责开展对应资质能力范围内安全工器具的型式试验和预防性试验等相关检测工作。

（5）负责新型安全工器具研发、试验、鉴定等工作。

（6）负责支撑安全工器具日常管理工作,协助各省公司级单位开展安全工器具试验检测机构（中心）的资质评审、能力评估工作。

见《国家电网有限公司电力安全工器具管理规定》[国网（安监 /4）289-2022] 第二章第十条

14. 在安全工器具管理方面省公司级单位所属地市供电企业、送变电施工企业、业务支撑实施机构、直属单位（简称地市公司级单位）安监部门的管理职责是什么?

答案:（1）负责组织开展所属单位安全工器具需求论证,汇总、审核所属单位安全工器具项目年度需求计划,并上报。

（2）负责安全工器具采购、验收、试验、使用、保管、报废等全过程监督管理,组织开展安全工器具管理培训。

（3）负责组织所属单位开展安全工器具监督检查,并进行考核。

（4）负责组织新型安全工器具的推广应用。

（5）负责组织本单位安全工器具库房、试验检测机构（中心）的建设和运维。

见《国家电网有限公司电力安全工器具管理规定》[国网（安监 /4）289-2022] 第二章第十一条

15. 在安全工器具管理方面地市公司级单位发展部门的管理职责是什么?

答案: 发展部门负责将安全工器具项目纳入本单位综合计划管理。

见《国家电网有限公司电力安全工器具管理规定》[国网（安监/4）289-2022]第二章第十二条

16. 在安全工器具管理方面地市公司级单位财务部门的管理职责是什么？

答案： 财务部门负责将安全工器具资金需求纳入本单位预算管理，做好安全工器具有关资金管理、会计核算等工作。

见《国家电网有限公司电力安全工器具管理规定》[国网（安监/4）289-2022]第二章第十二条

17. 在安全工器具管理方面地市公司级单位运检部门的管理职责是什么？

答案： 运检部门负责审核所属单位带电作业绝缘安全工器具需求及采购计划并汇总、上报，以及使用、检查、培训等管理。

见《国家电网有限公司电力安全工器具管理规定》[国网（安监/4）289-2022]第二章第十二条

18. 在安全工器具管理方面地市公司级单位建设部门的管理职责是什么？

答案： 建设部门负责组织、指导输变电工程安全工器具的配置及检查工作。

见《国家电网有限公司电力安全工器具管理规定》[国网（安监/4）289-2022]第二章第十二条

19. 在安全工器具管理方面地市公司级单位物资部门的管理职责是什么？

答案： 物资部门（物资供应中心）负责授权范围内采购实施，组织安全工器具到货交接、仓储、配送等工作；组织实物管理部门做好废旧物资处置管理工作。

见《国家电网有限公司电力安全工器具管理规定》[国网（安监/4）289-2022]第二章第十二条

20. 在安全工器具管理方面地市公司级单位所属县供电企业、业务支撑实施机构等（简称县公司级单位）安监部门的管理职责是什么？

答案：（1）组织安全工器具需求认证，汇总、审核所属单位安全工器具需求计划及资金需求，建立安全工器具管理台账。

（2）负责落实安全工器具全过程管理措施，组织班组进行安全工器具保管和使用培训。组织新型安全工器具在本单位推广应用。

（3）负责组织开展安全工器具检查，并对发现问题进行整改。

（4）负责开展安全工器具库房、试验检测机构（中心）的日常管理和维护工作。

见《国家电网有限公司电力安全工器具管理规定》[国网（安监/4）289-2022]第二章第十三条

21. 在安全工器具管理方面县公司级单位发展部门的管理职责是什么？

答案： 发展部门负责汇总、上报本单位安全工器具项目。

见《国家电网有限公司电力安全工器具管理规定》[国网（安监/4）289-2022]第二章第十四条

22. 在安全工器具管理方面县公司级单位财务部门管理职责是什么？

答案： 财务部门负责将本单位安全工器具购置项目资金需求纳入预算并上报，做好安全工器具有关资金管理、会计核算等工作。

见《国家电网有限公司电力安全工器具管理规定》[国网（安监/4）289-2022]第二章第十四条

23. 在安全工器具管理方面县公司级单位运检部门的管理职责是什么？

答案： 运检部门负责带电作业绝缘安全工器具需求审核，编制、上报计划，组织带电作业绝缘安全工器具的现场使用及日常监督检查；组织、指导配（农）网工程安全工器具的配置及检查工作。

见《国家电网有限公司电力安全工器具管理规定》[国网（安监/4）289-2022]第二章第十四条

24. 在安全工器具管理方面县公司级单位建设部门的管理职责是什么？

答案： 建设部门负责组织、指导输变电工程安全工器具的配置及检查工作。

见《国家电网有限公司电力安全工器具管理规定》[国网（安监/4）289-2022]第二章第十四条

25. 在安全工器具管理方面县公司级单位物资部门的管理职责是什么？

答案： 物资部门组织安全工器具到货交接、仓储、配送等工作，组织实物管理部门做好废旧物资处置管理工作。

见《国家电网有限公司电力安全工器具管理规定》[国网（安监/4）289-2022]第二章第十四条

26. 在安全工器具管理方面班组（站、所、施工项目部）的管理职责是什么？

答案：（1）负责根据配置标准及工作实际，提出安全工器具购置、更换、报废需求。

（2）建立安全工器具管理台账，做到账、卡、物相符，试验报告、检查记录齐全。

（3）负责开展安全工器具使用、保管培训，严格执行操作规定，正确使用安全工器具，严禁使用不合格或超试验周期的安全工器具。

（4）安排专人做好班组安全工器具日常维护、保养及定期送检工作。

见《国家电网有限公司电力安全工器具管理规定》[国网（安监/4）289-2022]第二章第十五条

27. 哪些安全工器具应进行预防性试验？

答案：（1）规程要求进行试验的安全工器具。

（2）新购置和自制安全工器具使用前。

（3）检修后或关键零部件经过更换的安全工器具。

（4）对其机械、绝缘性能发生疑问或发现缺陷的安全工器具。

（5）发现质量问题的同批次安全工器具。

见《国家电网有限公司电力安全工器具管理规定》[国网（安监/4）289-2022]第四章第二十四条

28. 检测机构在合格的安全工器具上粘贴"合格证"的注意事项有哪些？

答案：（1）不妨碍安全工器具的绝缘性能。

（2）粘贴在安全工器具使用性能且醒目的部位。

见《国家电网有限公司电力安全工器具管理规定》[国网（安监/4）289-2022]第四章第二十六条

29. 安全工器具使用总体要求是什么？

答案：（1）使用单位每年至少应组织一次安全工器具使用方法培训，新进员工上岗前应进行安全工器具使用方法培训；新型安全工器具使用前应组织针对性培训。

（2）安全工器具使用前应进行外观、试验时间有效性等检查。安全工器具检查与使用要求详见附录6。

（3）绝缘安全工器具使用前、后应擦拭干净。

（4）对安全工器具的机械、绝缘性能不能确定时，应进行试验，合格后方可使用。

（5）现场使用时，安全工器具宜根据产品要求存放于合适的温度、湿度及通风条件处，与其他物资材料、设备设施应分开存放。

见《国家电网有限公司电力安全工器具管理规定》[国网（安监/4）289-2022]第五章第二十八条

30. 安全工器具符合哪些条件的予以报废？

答案：（1）经试验或检验不符合国家或行业标准的。

（2）超过有效使用期限，不能达到有效防护功能指标的。

（3）外观检查明显损坏或零部件缺失的。

见《国家电网有限公司电力安全工器具管理规定》[国网（安监/4）289-2022]第六章第三十四条

31. 安全工器具报废流程是什么？

答案：安全工器具的报废，由使用保管单位（部门）提出处置申请，并提供相关佐证材料（试验不合格报告书、外观损坏照片、生产日期等），经本单位安监部门审核确认履行相关审批手续后，由物资部门按有关规定进行处置。

见《国家电网有限公司电力安全工器具管理规定》[国网（安监/4）289-2022]第六章第三十六条

32. 安全帽的作用是什么？

答案：安全帽是对人头部受坠落物及其他特定因素引起的伤害起防护作用。

见《国家电网有限公司电力安全工器具管理规定》[国网（安监/4）289-2022]附录1

33. 静电防护服的作用是什么?

答案: 静电防护服用于保护线路和变电站巡视及地电位作业人员免受交流高压电场的影响。

见《国家电网有限公司电力安全工器具管理规定》[国网(安监/4)289-2022]附录1

34. 防电弧服的作用是什么?

答案: 防电弧服用于减轻或避免电弧发生时散发出的大量热能辐射和飞溅融化物的伤害。

见《国家电网有限公司电力安全工器具管理规定》[国网(安监/4)289-2022]附录1

35.SF_6防护服包括哪几部分?

答案: SF_6防护服包括连体防护服、SF_6专用防毒面具、SF_6专用滤毒缸、工作手套和工作鞋等。

见《国家电网有限公司电力安全工器具管理规定》[国网(安监/4)289-2022]附录1

36. 屏蔽服装的作用是什么?

答案: 屏蔽服装用于防护工作人员等电位带电作业时受到电场影响。

见《国家电网有限公司电力安全工器具管理规定》[国网(安监/4)289-2022]附录1

37. 防火服的作用是什么?

答案: 防火服是用来对其上下躯干、头部、手部和脚部进行隔热防护。

见《国家电网有限公司电力安全工器具管理规定》[国网(安监/4)289-2022]附录1

38. 绝缘安全工器具分为哪几类?

答案: 绝缘安全工器具分为基本绝缘安全工器具、带电作业绝缘安全工器具和辅助绝缘安全工器具。

见《国家电网有限公司电力安全工器具管理规定》[国网(安监/4)289-2022]附录1

39. 基本绝缘安全工器具包括哪些安全工器具?

答案: 基本绝缘安全工器具包括电容型验电器、携带型短路接地线、绝缘杆、核相器、绝缘遮蔽罩、绝缘隔板、绝缘绳和绝缘夹钳等。

见《国家电网有限公司电力安全工器具管理规定》[国网(安监/4)289-2022]附录1

40. 绝缘遮蔽罩的作用是什么?

答案: 绝缘遮蔽罩起到遮蔽或隔离的保护作用,防止作业人员与带电体发生直接碰触。

见《国家电网有限公司电力安全工器具管理规定》[国网(安监/4)289-2022]附录1

41. 绝缘隔板的作用是什么?

答案: 绝缘隔板是由绝缘材料制成,用于隔离带电部件、限制工作人员活动范围、防止接近高压带电部分的绝缘平板。

见《国家电网有限公司电力安全工器具管理规定》[国网(安监/4)289-2022]附录1

42. 绝缘夹钳的作用是什么?

答案: 绝缘夹钳是用来装拆高压熔断器或执行其他类似工作的绝缘操作钳。

见《国家电网有限公司电力安全工器具管理规定》[国网(安监/4)289-2022]附录1

43. 带电作业绝缘安全工器具包括哪些内容?

答案: 带电作业绝缘安全工器具包括带电作业用安全帽、绝缘服装、带电作业用绝缘手套、带电作业用绝缘靴(鞋)、带电作业用绝缘垫、带电作业用绝缘毯、带电作业用绝缘硬梯、绝缘托瓶架、带电作业用绝缘绳(绳索类工具)、绝缘软梯、带电作业用绝缘滑车和带电作业用提线工具等。

见《国家电网有限公司电力安全工器具管理规定》[国网(安监/4)289-2022]附录1

44. 绝缘软梯由哪几部分组成？

答案： 绝缘软梯是由绝缘绳和绝缘管组成。

见《国家电网有限公司电力安全工器具管理规定》[国网（安监/4）289-2022]附录1

45. 辅助绝缘安全工器具包括哪几类？

答案： 辅助绝缘安全工器具包括辅助型绝缘手套、辅助型绝缘靴（鞋）和辅助型绝缘胶垫。

见《国家电网有限公司电力安全工器具管理规定》[国网（安监/4）289-2022]附录1

46. 登高工器具包括哪几类？

答案： 登高工器具包括脚扣、升降板（登高板）、梯子、软梯、快装脚手架及检修平台等。

见《国家电网有限公司电力安全工器具管理规定》[国网（安监/4）289-2022]附录1

47. 拆卸型检修平台按型式可分为几种类型？

答案： 拆卸型检修平台按型式可分为单柱型、平台板型、梯台型。

见《国家电网有限公司电力安全工器具管理规定》[国网（安监/4）289-2022]附录1

48. 安全围栏（网）包括哪几类？

答案： 安全围栏（网）包括用各种材料做成的安全围栏、安全围网和红布幔。

见《国家电网有限公司电力安全工器具管理规定》[国网（安监/4）289-2022]附录1

49. 标识牌包括哪几类？

答案： 标识牌包括各种安全警告牌、设备标示牌、锥形交通标、警示带等。

见《国家电网有限公司电力安全工器具管理规定》[国网（安监/4）289-2022]附录1

50. 安全工器具应分为哪几种检查?

答案: 安全工器具检查分为出厂验收检查、试验检验检查和使用前检查。

见《国家电网有限公司电力安全工器具管理规定》[国网(安监/4)289-2022]附录6

51. 安全帽的组件有哪些?

答案: 安全帽的组件有帽壳、帽衬(帽箍、吸汗带、缓冲垫及衬带)、帽箍扣、下颏带等。

见《国家电网有限公司电力安全工器具管理规定》[国网(安监/4)289-2022]附录6

52. 什么情况下必须佩戴安全帽?

答案: 任何人员进入生产、施工现场必须正确佩戴安全帽。

见《国家电网有限公司电力安全工器具管理规定》[国网(安监/4)289-2022]附录6

53. 佩戴的安全帽如何防止滑落?

答案: 安全帽戴好后,应将帽箍扣调整到合适的位置,锁紧下颏带,防止工作中前倾后仰或其他原因造成滑落。

见《国家电网有限公司电力安全工器具管理规定》[国网(安监/4)289-2022]附录6

54. 透明防护眼镜佩戴前的注意事项是什么?

答案: 透明防护眼镜佩戴前应用干净的布擦拭镜片,以保证足够的透光度。

见《国家电网有限公司电力安全工器具管理规定》[国网(安监/4)289-2022]附录6

55. 自吸过滤式防毒面具的检查要求有哪些?

答案:(1)面罩及过滤件上的标识应清晰完整,无破损。

(2)使用前应检查面具的完整性和气密性,面罩密合框应与佩戴者颜面密合,无明显压痛感。

(3)面罩观察眼窗应视物真实,有防止镜片结雾的措施。

见《国家电网有限公司电力安全工器具管理规定》[国网（安监/4）289-2022]附录6

56. 正压式消防空气呼吸器的使用要求有哪些？

答案：（1）使用者应根据正压式消防空气呼吸器面型尺寸选配适宜的面罩号码。

（2）使用中应注意正压式消防空气呼吸器有无泄漏。

见《国家电网有限公司电力安全工器具管理规定》[国网（安监/4）289-2022]附录6

57. 如果发生坠落事故，安全带应如何处理？

答案：如果发生坠落事故，则应由专人对发生坠落事故使用的安全带进行检查，如有影响性能的损伤，则应立即更换。

见《国家电网有限公司电力安全工器具管理规定》[国网（安监/4）289-2022]附录6

58. 组合式安全带由什么组合？

答案：组合式安全带由区域限制安全带、围杆作业安全带、坠落悬挂安全带等的组合。

见《国家电网有限公司电力安全工器具管理规定》[国网（安监/4）289-2022]附录6

59. 禁止将安全带系在移动或不牢固的物件上，举例说明是哪些物件？

答案：例如：隔离开关（刀闸）支持绝缘子、瓷横担、未经固定的转动横担、线路支柱绝缘子、避雷器支柱绝缘子等。

见《国家电网有限公司电力安全工器具管理规定》[国网（安监/4）289-2022]附录6

60. 安全绳的永久标识有哪些？

答案：安全绳永久标识有产品名称、标准号、制造厂名及厂址、生产日期（年、月）及有效期、总长度、产品作业类别（围杆作业、区域限制或坠落悬挂）、产品合格标志、法律法规要求标注的其他内容等。

见《国家电网有限公司电力安全工器具管理规定》[国网（安监/4）289-

2022〕附录6

61. 安全绳有几种类型？

答案： 安全绳有织带式安全绳、纤维绳式安全绳、钢丝绳式安全绳、链式安全绳。

见《国家电网有限公司电力安全工器具管理规定》〔国网（安监/4）289-2022〕附录6

62. 连接器的永久标识有哪些？

答案： 连接器的永久标识有连接器的类型、制造商标识、工作受力方向强度（用 kN 表示）等。

见《国家电网有限公司电力安全工器具管理规定》〔国网（安监/4）289-2022〕附录6

63. 连接器有几种？

答案： 连接器有自锁功能的连接器和手动上锁的连接器。

见《国家电网有限公司电力安全工器具管理规定》〔国网（安监/4）289-2022〕附录6

64. 速差自控器的永久标识有哪些？

答案： 速差自控器的永久标识有产品名称、产品标记、标准号、制造厂名、生产日期（年、月）及有效期、法律法规要求标注的其他内容等。

见《国家电网有限公司电力安全工器具管理规定》〔国网（安监/4）289-2022〕附录6

65. 如何检查速差自控器的制动功能？

答案： 用手将速差自控器的安全绳（带）进行快速拉出，速差自控器应能有效制动并完全回收。

见《国家电网有限公司电力安全工器具管理规定》〔国网（安监/4）289-2022〕附录6

66. 导轨自锁器的永久标识有哪些？

答案： 导轨自锁器的永久标识有产品合格标志、标准号、产品名称及型号规格、生产单位名称、生产日期及有效期限、正确使用方向的标志、最大允许连接绳长度等。

见《国家电网有限公司电力安全工器具管理规定》[国网（安监/4）289-2022]附录6

67.缓冲器的永久标识有哪些？

答案：缓冲器的永久标识有产品名称、标准号、产品类型（Ⅰ型、Ⅱ型）、最大展开长度、制造厂名及厂址、产品合格标志、生产日期（年、月）及有效期、法律法规要求标注的其他内容等。

见《国家电网有限公司电力安全工器具管理规定》[国网（安监/4）289-2022]附录6

68.安全网的永久标识有哪些？

答案：安全网的永久标识有标准号、产品合格证、产品名称及分类标记、制造商名称及地址、生产日期等。

见《国家电网有限公司电力安全工器具管理规定》[国网（安监/4）289-2022]附录6

69.静电防护服的检查要求是什么？

答案：（1）检查静电防护服的标识清晰完整，无破损。

（2）检查静电防护服的外形、连接带及连接头，必须确保其完好无损。

见《国家电网有限公司电力安全工器具管理规定》[国网（安监/4）289-2022]附录6

70.作业人员进入带电弧环境中的安全注意事项是什么？

答案：作业人员进入带电弧环境中，应务必穿戴好防电弧服及其他的配套设备，不得随意将皮肤裸露在外面以防事故发生时通过空隙而造成重大的事故损伤。

见《国家电网有限公司电力安全工器具管理规定》[国网（安监/4）289-2022]附录6

71.穿着者在使用防电弧服过程中，当有异常情况发生时，如何处理？

答案：要及时脱离现场，切忌和火焰直接接触。

见《国家电网有限公司电力安全工器具管理规定》[国网（安监/4）289-

2022〕附录6

72. 什么样的电弧防护用品应报废？

答案： 损坏并无法修补的个人电弧防护用品应报废。个人电弧防护用品一旦暴露在电弧能量之后应报废。超过厂商建议服务期或正常洗涤次数的个人电弧防护用品应进行检测，检测不合格应报废。

见《国家电网有限公司电力安全工器具管理规定》〔国网（安监/1）289-2022〕附录6

73. 哪些个人电弧防护用品应进行检测？

答案： 超过厂商建议服务期或正常洗涤次数的个人电弧防护用品应进行检测。

见《国家电网有限公司电力安全工器具管理规定》〔国网（安监/4）289-2022〕附录6

74. 透气型耐酸服用于什么场所？

答案： 透气型耐酸服用于中、轻度酸污染场所的防护。

见《国家电网有限公司电力安全工器具管理规定》〔国网（安监/4）289-2022〕附录6

75. 不透气型耐酸服用于什么场所？

答案： 不透气型耐酸服用于严重酸污染场所，并且只能在规定的酸作业环境中作为辅助用具使用。

见《国家电网有限公司电力安全工器具管理规定》〔国网（安监/4）289-2022〕附录6

76. SF_6 整套防护服包括哪些部分？

答案： SF_6 整套防护服包括连体防护服、SF_6 专用防毒面具、SF_6 专用滤毒缸、工作手套和工作鞋。

见《国家电网有限公司电力安全工器具管理规定》〔国网（安监/4）289-2022〕附录6

77. 屏蔽服装的标识有哪些？

答案： 屏蔽服装的标识有制造厂名或商标、型号名称、制造年月、电压等级及带电作业用（双三角）符号等。

见《国家电网有限公司电力安全工器具管理规定》[国网（安监/4）289-2022]附录6

78. 屏蔽服装的整套服装包括哪些内容？

答案： 屏蔽服装的整套服装包括上衣、裤子、手套、袜子、帽子和鞋子。

见《国家电网有限公司电力安全工器具管理规定》[国网（安监/4）289-2022]附录6

79. 屏蔽服装的连接头如何连接？

答案： 将屏蔽服装的连接头组装好后，轻扯连接带与服装各部位的连接，确认其完好可靠并具有一定的机械强度（工作中不会自动脱开）。

见《国家电网有限公司电力安全工器具管理规定》[国网（安监/4）289-2022]附录6

80. 个人保安线的作用是什么？

答案： 个人保安线仅作为预防感应电使用，不得以此代替电力安全工作规程规定的工作接地线。

见《国家电网有限公司电力安全工器具管理规定》[国网（安监/4）289-2022]附录6

81. 哪些情况应使用个人保安线？

答案： 工作地段如有邻近、平行、交叉跨越及同杆塔架设线路，为防止停电检修线路上感应电压伤人，在需要接触或接近导线工作时，应使用个人保安线。

见《国家电网有限公司电力安全工器具管理规定》[国网（安监/4）289-2022]附录6

82. 装设个人保安线的顺序是什么？

答案： 装设个人保安线时，应先接接地端，后接导线端，且接触良好，连接可靠。

见《国家电网有限公司电力安全工器具管理规定》[国网（安监/4）289-2022]附录6

83.拆除个人保安线的顺序是什么？

答案： 拆除个人保安线时，应先拆除导线端，后拆除接地端。

见《国家电网有限公司电力安全工器具管理规定》[国网（安监/4）289-2022]附录6

84.什么情况下应清洗防火服表面？

答案： 如防火服和化学品接触，或发现有气泡现象，则应清洗防火服整个表面。

见《国家电网有限公司电力安全工器具管理规定》[国网（安监/4）289-2022]附录6

85.电容型验电器的标识有哪些？

答案： 电容型验电器的标识有：额定电压或额定电压范围、额定频率（或频率范围）、生产厂名和商标、出厂编号、生产年份、适用气候类型（C、N或W）、检验日期及带电作业用（双三角）符号等。

见《国家电网有限公司电力安全工器具管理规定》[国网（安监/4）289-2022]附录6

86.电容型验电器由哪些部件组成？

答案： 电容型验电器由手柄、护手环、绝缘元件、限度标记和接触电极、指示器和绝缘杆等部件组成。

见《国家电网有限公司电力安全工器具管理规定》[国网（安监/4）289-2022]附录6

87.电容型验电器的限度标记有何作用？

答案： 电容型验电器的限度标记是在绝缘杆上标注的一种醒目标志，向使用者指明应防止标志以下部分插入带电设备中或接触带电体。

见《国家电网有限公司电力安全工器具管理规定》[国网（安监/4）289-2022]附录6

88.操作前，电容型验电器应满足的要求是什么？

答案： 操作前，电容型验电器杆表面应用清洁的干布擦拭干净，使表面干燥、清洁。并在有电设备上进行试验，确认验电器良好；无法在有电设备上进行试验时可用高压发生器等确证验电器良好。

见《国家电网有限公司电力安全工器具管理规定》[国网（安监/4）289-2022] 附录 6

89. 携带型短路接地线的标识有哪些？

答案： 携带型短路接地线的标识有接地线的厂家名称或商标、产品的型号或类别、接地线横截面积（mm^2）、生产年份及带电作业用（双三角）符号等。

见《国家电网有限公司电力安全工器具管理规定》[国网（安监/4）289-2022] 附录 6

90. 装设接地线的顺序是什么？

答案： 装设接地线时，应先接接地端，后接导线端。

见《国家电网有限公司电力安全工器具管理规定》[国网（安监/4）289-2022] 附录 6

91. 拆除接地线的顺序是什么？

答案： 拆除接地线时，应先拆除导线端，后拆除接地端。

见《国家电网有限公司电力安全工器具管理规定》[国网（安监/4）289-2022] 附录 6

92. 核相器的标识有哪些？

答案： 核相器的标识有标称电压或标称电压范围、标称频率或标称频率范围、能使用的等级（A、B、C 或 D）、生产厂名称、型号、出厂编号、指明户内或户外型、适应气候类别（C、N 或 W）、生产日期、警示标记、供电方式及带电作业用（双三角）符号等。

见《国家电网有限公司电力安全工器具管理规定》[国网（安监/4）289-2022] 附录 6

93. 核相器由哪些部件组成？

答案： 核相器的各部件，包括手柄、手护环、绝缘元件、电阻元件、限位标记和接触电极、连接引线、接地引线、指示器、转接器和绝缘杆等。

见《国家电网有限公司电力安全工器具管理规定》[国网（安监/4）289-2022] 附录 6

94. 绝缘遮蔽罩的标识有哪些？

答案： 绝缘遮蔽罩标识有制造厂名、商标、型号、制造日期、电压等级及带电作业用（双三角）符号。

见《国家电网有限公司电力安全工器具管理规定》[国网（安监/4）289-2022]附录6

95. 绝缘夹钳的标识有哪些？

答案： 绝缘夹钳的标识有绝缘夹钳的型号规格、制造厂名、制造日期、电压等级等。

见《国家电网有限公司电力安全工器具管理规定》[国网（安监/4）289-2022]附录6

96. 绝缘服装的标识有哪些？

答案： 绝缘服装的标识有绝缘服装的制造厂或商标、型号及种类、电压级别、生产日期及带电作业用（双三角）符号等。

见《国家电网有限公司电力安全工器具管理规定》[国网（安监/4）289-2022]附录6

97. 带电作业用绝缘手套的标识有哪些？

答案： 带电作业用绝缘手套的标识有可适用的种类、尺寸、电压等级、制造年月及带电作业用（双三角）符号等。

见《国家电网有限公司电力安全工器具管理规定》[国网（安监/4）289-2022]附录6

98. 带电作业用绝缘靴（鞋）的标识有哪些？

答案： 带电作业用绝缘靴（鞋）的标识有鞋号、生产年月、标准号、耐电压数值、制造商名称、产品名称、出厂检验合格印章及带电作业用（双三角）符号等。

见《国家电网有限公司电力安全工器具管理规定》[国网（安监/4）289-2022]附录6

99. 带电作业用绝缘垫的标识有哪些？

答案： 带电作业用绝缘垫的标识有制造厂或商标、种类、型号（长度和宽度）、电压级别、生产日期及带电作业用（双三角）符号等。

见《国家电网有限公司电力安全工器具管理规定》［国网（安监/4）289-2022］附录6

100. 带电作业用绝缘硬梯的标识有哪些？

答案： 带电作业用绝缘硬梯的标识有带电作业用绝缘硬梯的名称、电压等级、商标、型号、制造日期、制造厂名及带电作业用（双三角）符号等标识清晰完整。

见《国家电网有限公司电力安全工器具管理规定》［国网（安监/4）289-2022］附录6

101. 绝缘托瓶架的标识有哪些？

答案： 绝缘托瓶架的标识有商标及型号、制造日期、制造厂名、电压等级及带电作业用（双三角）符号等。

见《国家电网有限公司电力安全工器具管理规定》［国网（安监/4）289-2022］附录6

102. 带电作业用绝缘滑车的标识有哪些？

答案： 带电作业用绝缘滑车的标识有商标、型号、制造日期、制造厂名、出厂编号及带电作业用（双三角）符号等。

见《国家电网有限公司电力安全工器具管理规定》［国网（安监/4）289-2022］附录6

103. 带电作业用提线工具的标识有哪些？

答案： 带电作业用提线工具的标识有带电作业用提线工具的制造厂、商标、型号、出厂编号、额定负荷、出厂日期、电压等级及带电作业用（双三角）符号等。

见《国家电网有限公司电力安全工器具管理规定》［国网（安监/4）289-2022］附录6

104. 辅助型绝缘手套的标识有哪些？

答案： 辅助型绝缘手套的标识有电压等级、制造厂名、制造年月等。

见《国家电网有限公司电力安全工器具管理规定》［国网（安监/4）289-

2022] 附录 6

105. 辅助型绝缘靴（鞋）的标识有哪些？

答案： 辅助型绝缘靴（鞋）的鞋帮或鞋底上的鞋号、生产年月、标准号、电绝缘字样（或英文 EH）、闪电标记、耐电压数值、制造商名称、产品名称、电绝缘性能出厂检验合格印章等。

见《国家电网有限公司电力安全工器具管理规定》［国网（安监 /4）289-2022] 附录 6

106. 辅助型绝缘胶垫有害的不规则性有哪些特征？

答案： 辅助型绝缘胶垫有害的不规则性是指下列特征之一，即破坏均匀性、损坏表面光滑轮廓的缺陷，如小孔、裂缝、局部隆起、切口、夹杂导电异物、折缝、空隙、凹凸波纹及铸造标志等。

见《国家电网有限公司电力安全工器具管理规定》［国网（安监 /4）289-2022] 附录 6

107. 梯子的标识有哪些？

答案： 梯子的标识有型号或名称及额定载荷、梯子长度、最高站立平面高度、制造者或销售者名称（或标识）、制造年月、执行标准及基本危险警示标志（复合材料梯的电压等级）。

见《国家电网有限公司电力安全工器具管理规定》［国网（安监 /4）289-2022] 附录 6

108. 作业人员在使用梯子前应如何进行检验？

答案： 作业人员在使用梯子前，应先进行试登，确认可靠后方可使用。

见《国家电网有限公司电力安全工器具管理规定》［国网（安监 /4）289-2022] 附录 6

109. 在通道上使用梯子时，应做哪些安全措施？

答案： 在通道上使用梯子时，应设监护人或设置临时围栏。

见《国家电网有限公司电力安全工器具管理规定》［国网（安监 /4）289-2022] 附录 6

110. 进入工作平台有哪些途径?

答案: 可从脚手架的内部爬梯进入工作平台,或从搭建梯子的梯阶爬入,还可以通过框架的过道进入,或通过平台的开口进入工作平台。

见《国家电网有限公司电力安全工器具管理规定》[国网(安监/4)289-2022]附录6

111. 哪些情况严禁使用脚手架?

答案: 严禁在脚手架上面使用产生较强冲击力的工具,严禁在大风中使用脚手架,严禁超负荷使用脚手架,严禁在软地面上使用脚手架。

见《国家电网有限公司电力安全工器具管理规定》[国网(安监/4)289-2022]附录6

112. 检修平台按功能分为几种?

答案: 检修平台按功能分为拆卸型检修平台和升降型检修平台两种。

见《国家电网有限公司电力安全工器具管理规定》[国网(安监/4)289-2022]附录6

113. 橡胶和塑料制成的耐酸服存放时有何要求?

答案: 橡胶和塑料制成的耐酸服存放时应注意避免接触高温,用后清洗晾干,避免暴晒,长期保存应撒上滑石粉以防粘连。

见《国家电网有限公司电力安全工器具管理规定》[国网(安监/4)289-2022]附录7

114. 绝缘手套的存放有何要求?

答案: 绝缘手套应存放在干燥、阴凉的专用柜内,与其他工具分开放置,其上不得堆压任何物件,以免刺破手套。绝缘手套不允许放在过冷、过热、阳光直射和有酸、碱、药品的地方,以防胶质老化,降低绝缘性能。

见《国家电网有限公司电力安全工器具管理规定》[国网(安监/4)289-2022]附录7

115. 安全带的存放有何要求?

答案: 安全带存放时,不应接触高温、明火、强酸、强碱或尖锐物体,不应存放在潮湿的地方。储存时,应对安全带定期进行外观检查,发现异常必须立即更换，检查频次应根据安全带的使用频率确定。

见《国家电网有限公司电力安全工器具管理规定》[国网（安监/4）289-2022]附录7

116. 电力安全工器具库房建设应坚持什么原则？

答案：应坚持实用集约、因地制宜，以改建和扩建为主，优先利用现有基础条件，满足各班组、站所实际业务需求为原则。

见《国家电网有限公司电力安全工器具管理规定》[国网（安监/4）289-2022]附录8

117. 电力安全工器具库房规划、建设应遵循什么标准？

答案：应遵循建筑、消防、照明、电气等相关国家标准。

见《国家电网有限公司电力安全工器具管理规定》[国网（安监/4）289-2022]附录8

118. 电力安全工器具库房设置的过渡区有何作用？

答案：电力安全工器具库房设置的过渡区，作为安全工器具的保养、整理和暂存区域。

见《国家电网有限公司电力安全工器具管理规定》[国网（安监/4）289-2022]附录8

119. "禁止合闸，有人工作！"标示牌悬挂在何处？

答案："禁止合闸，有人工作！"标示牌应悬挂在一经合闸即可送电到施工设备的断路器（开关）和隔离开关（刀闸）操作把手上。

见《国家电网公司电力安全工作规程　线路部分》（Q/GDW 1799.2—2013）附录J

120. "禁止合闸，线路有人工作！"标示牌悬挂在何处？

答案："禁止合闸，线路有人工作！"标示牌应悬挂在线路断路器（开关）和隔离开关（刀闸）把手上。

见《国家电网公司电力安全工作规程　线路部分》（Q/GDW 1799.2—2013）附录J

121. "禁止分闸！"标示牌悬挂在何处？

答案："禁止分闸！"标示牌应悬挂在接地刀闸与检修设备之间的断路器（开关）操作把手上。

见《国家电网公司电力安全工作规程 线路部分》（Q/GDW 1799.2—2013）附录 J

122. "在此工作！"标示牌悬挂在何处？

答案："在此工作！"标示牌应悬挂在工作地点或检修设备上。

见《国家电网公司电力安全工作规程 线路部分》（Q/GDW 1799.2—2013）附录 J

123. "止步，高压危险！"标示牌悬挂在何处？

答案："止步，高压危险！"标示牌应悬挂在施工地点邻近带电设备的遮栏上；室外工作地点的围栏上；禁止通行的过道上；高压试验地点；室外构架上；工作地点邻近带电设备的横梁上。

见《国家电网公司电力安全工作规程 线路部分》（Q/GDW 1799.2—2013）附录 J

124. "从此上下！"标示牌悬挂在何处？

答案："从此上下！"标示牌应悬挂在工作人员可以上下的铁架、爬梯上。

见《国家电网公司电力安全工作规程 线路部分》（Q/GDW 1799.2—2013）附录 J

125. "从此进出！"标示牌悬挂在何处？

答案："从此进出！"标示牌应悬挂在室外工作地点围栏的出入口处。

见《国家电网公司电力安全工作规程 线路部分》（Q/GDW 1799.2—2013）附录 J

126. "禁止攀登，高压危险！"标示牌悬挂在何处？

答案："禁止攀登，高压危险！"标示牌应悬挂在高压配电装置构架的爬梯上，变压器、电抗器等设备的爬梯上。

见《国家电网公司电力安全工作规程 线路部分》（Q/GDW 1799.2—2013）附录 J

127. 电容型验电器的试验项目有几种？

答案： 电容型验电器的试验项目有工频耐压试验和启动电压试验两种。

见《国家电网公司电力安全工作规程 线路部分》（Q/GDW 1799.2—2013）附录 L

128. 携带型短路接地线的试验项目有几种？

答案： 携带型短路接地线的试验项目有成组直流电阻试验和操作棒的工频耐压试验两种。

见《国家电网公司电力安全工作规程 线路部分》（Q/GDW 1799.2—2013）附录 L

129. 核相器的试验项目有几种？

答案： 核相器的试验项目有连接导线绝缘强度试验、绝缘部分工频耐压试验、电阻管泄漏电流试验、动作电压试验四种。

见《国家电网公司电力安全工作规程 线路部分》（Q/GDW 1799.2—2013）附录 L

130. 绝缘隔板的试验项目有几种？

答案： 绝缘隔板的试验项目有表面工频耐压试验和工频耐压试验两种。

见《国家电网公司电力安全工作规程 线路部分》（Q/GDW 1799.2—2013）附录 L

131. 安全带的种类有哪些？

答案： 安全带的种类有围杆带、围杆绳、护腰带、安全绳。

见《国家电网公司电力安全工作规程 线路部分》（Q/GDW 1799.2—2013）附录 M

132. 哪些登高工器具应进行静负荷试验？

答案： 安全带、脚扣、升降板、竹（木）梯、软梯、钩梯、防坠自锁器、缓冲器、速差自控器应进行静负荷试验。

见《国家电网公司电力安全工作规程 线路部分》（Q/GDW 1799.2—2013）附录 M

133. 安全帽的试验项目有几种?

答案: 安全帽的试验项目有冲击性能试验和耐穿刺性能试验两种。

见《国家电网公司电力安全工作规程 线路部分》(Q/GDW 1799.2—2013)附录 M

134. 防坠自锁器的试验项目有几种?

答案: 防坠自锁器的试验项目有静荷试验与冲击试验两种。

见《国家电网公司电力安全工作规程 线路部分》(Q/GDW 1799.2—2013)附录 M

135. 速差自控器的试验项目有几种?

答案: 速差自控器的试验项目有静荷试验与冲击试验两种。

见《国家电网公司电力安全工作规程 线路部分》(Q/GDW 1799.2—2013)附录 M

136. 对防坠自锁器的静荷试验有何要求?

答案: 在防坠自锁器的静荷试验中,应将 15kN 力加载到导轨上,保持 5min。

见《国家电网公司电力安全工作规程 线路部分》(Q/GDW 1799.2—2013)附录 M

137. 对防坠自锁器的冲击试验有何要求?

答案: 在防坠自锁器的冲击试验中,应将(100±1)kg 荷载用 1m 长绳索连接在防坠自锁器上,从与防坠自锁器水平位置释放,测试冲击力峰值在(6±0.3)kN 之间为合格。

见《国家电网公司电力安全工作规程 线路部分》(Q/GDW 1799.2—2013)附录 M

138. 对缓冲器的静荷试验有何要求?

答案: ①悬垂状态下末端挂 5kg 重物,测量缓冲器端点长度;②两端受力点之间加载 2kN 保持 2min,卸载 5min 后检查缓冲器是否打开,并在悬垂状态下末端挂 5kg 重物,测量缓冲器端点长度。计算两次测量结果差,即初始变形,精确至 1mm。

见《国家电网公司电力安全工作规程　线路部分》（Q/GDW 1799.2—2013）附录 M

139. 对速差自控器的静荷试验有何要求？

答案： 将 15kN 力加载到速差自控器上，保持 5min。

见《国家电网公司电力安全工作规程　线路部分》（Q/GDW 1799.2—2013）附录 M

140. 对速差自控器的冲击试验有何要求？

答案： 将（100±1）kg 荷载用 1m 长绳索连接在速差自控器上，从与速差自控器水平位置释放，测试冲击力峰值在（6±0.3）kN 之间为合格。

见《国家电网公司电力安全工作规程　线路部分》（Q/GDW 1799.2—2013）附录 M